Zur Mechanik des Luftreifens.

Von B. v. Schlippe und R. Dietrich, Junkers Flugzeug- und Motorenwerke A. G., Dessau.

Zur Mechanik eines Luftreifens gehören die verschiedenartigen Erscheinungen eines rollenden bereiften Rades, z. B. die elastischen Verformungen die Abplattung, Rutscherscheinungen, der Walkvorgang usw. Was in vorliegender Arbeit zur Sprache kommt, ist lediglich der Teil der Mechanik, der sich mit den seitlichen Verformungen des Pneus eines rollenden Rades, d. h. beim Schieben und Flattern befaßt. Das Studium der dabei auftretenden kinematischen Beziehungen wie auch der auftretenden Kräfte und Momente ist als Vorkenntnis für die Flatterprobleme eines Luftreifens erforderlich und stellt im wesentlichen den Gegenstand vorliegender Arbeit dar.

Gliederung.

I. Einleitung.

Bekanntlich besitzt ein luftbereiftes Rad die Eigenschaft, ohne Reibung der sich berührenden Flächen (Latsch mit Rollbahn) sich quer zur Bewegungsrichtung des Radmittelpunktes zu bewegen (zu schieben) und sich aus der Bahn herauszudrehen, d. h. Kurven zu fahren. Ursache hierfür ist die Nachgiebigkeit des Pneus.

Bei diesem Vorgang sind zwei getrennte Fragen zu unterscheiden

1. das kinematische Verhalten, d. h. wie sich der Pneu verformt und welchen Weg der Latsch einschlägt (Abschnitt III und IV) und
2. welche Rückstellkräfte dabei auftreten (Abschnitt V).

II. Bezeichnungen.

A		allgemeine Integrationskonstante.
B		vorderer Berührungspunkt des Latsches und Pneubreite (Bild 28).
$C = \frac{1}{c}$	[cm]	Pneukonstante Gl. (6).
D		Schwenkachse.
E	[kg/cm²]	Elastizitätsmodul, Gl. (88).
F		dem B entsprechender Felgenpunkt.
G	[kg/cm²]	Gleitmodul.
H		hinterer Latschpunkt.
$K = \frac{1}{k}$	[cm]	Pneukonstante Gl. (106).
M	[cmkg]	gesamtes Moment der elastischen Kräfte auf die Felge wirkend.
M	[cmkg]	Moment aus Verschiebung ζ, Gl. (78) und (97).
M_m	[cmkg]	Moment aus Verschiebung μ, Gl. (91).
M_z	[cmkg]	$= M + M_m$, Gl. (100).
M_l	[cmkg]	Moment aus Verschiebung l.
N	[kg]	Radbelastung (Normaldruck) (Bild 31).
P	[kg]	elastische Kraft aus ζ im Mittelpunkt angreifend, Gl. (70) und (96).
Q	[kg]	elastische Kraft aus λ, Gl. (72).
R	[cm]	Krümmungsradius einer Bahnkurve.
S	[cm]	Wellenlänge einer Sinusschwingung.
T	[sec]	Zeit als beliebige Integralgrenze.
U_1	[kg/cm]	Abkürzung, Gl. (98).
U_2	[kg]	Abkürzung, Gl. (101).
U_3	[cmkg]	Abkürzung, Gl. (104).
Z	[cm]	Abkürzung, Gl. (79).
a	[cm]	Kantenlänge des Ersatzprofils (Bild 28).
$2b$	[cm]	Abstand der gedachten Pneuspuren.
c	$\left[\frac{1}{\text{cm}}\right]$	Pneukonstante, Gl. (1).
$2h$	[cm]	Latschlänge (Bild 3 und 19).
$2\bar{h}$	[cm]	Länge der äußeren Latschbegrenzung.
k	$\left[\frac{1}{\text{cm}}\right]$	Pneukonstante, Gl. (55).
$l, \bar{l}$	[cm]	Verschiebung in Umfangsrichtung des vorderen bzw. hinteren Latschpunktes, Gl. (55) bzw. (57).
m	[cm]	Verschiebung in Umfangsrichtung, Gl. (81).
p	[atü]	Pneudruck
q	[cm]	Schwenkarm (Bild 16).

r	[cm]	Radhalbmesser (Bild 31).
s	[cm]	Wegkoordinate (Abszisse des Radmittelpunktes (Bild 3).
l	[cm]	Wegkoordinate (definiert durch Gl. (52)).
t	[sec]	Zeit.
u	[cm]	Umfangsweg des Rades, definiert durch Gl. (51).
v	[cm/sec]	Rollgeschwindigkeit.
$\bar{v}$	[cm/sec]	Bahngeschwindigkeit, Gl. (52).
x	[cm]	Ordinate des Radmittelpunktes.
y	[cm]	Ordinate des vorderen Latschpunktes B.
$\bar{y}$	[cm]	Ordinate des hinteren Latschpunktes H.
z	[cm]	Auslenkung des Punktes B aus der Radebene.
$\bar{z}$	[cm]	Auslenkung des Punktes H aus der Radebene.
$\alpha = \frac{2\pi}{S}\left[\frac{1}{\text{cm}}\right]$		Wegfrequenz Gl. (48).
β		Auslenkwinkel (Bild 28).
δ	[cm]	mittlere Wandstärke des Pneus (Bild 28).
ε		Phasenverschiebung, Gl. (47).
ζ	[cm]	seitliche Auslenkung der Pneupunkte aus der Radebene (Bild 6).
η	[cm]	bodenfeste Ordinate der Pneupunkte (Bild 6).
ϑ		Verschiebungswinkel, Gl. (93).
$\varkappa_1, \varkappa_2, \varkappa_3$		Proportionalitätsfaktor, Gl. (133—135).
λ	[cm]	Verschiebung der Pneupunkte in Umfangsrichtung infolge l, Gl. (56, 58, 59).
μ	[cm]	Verschiebung der Pneupunkte in Umfangsrichtung infolge z (Bild 28) und Reibungskoeffizient.
ξ	[cm]	Umfangskoordinate, bezogen auf den vorderen Punkt B (Bild 5).
$\varrho, \bar{\varrho}$		Korrekturfaktoren, Gl. (77) und (90).
σ	[kg/cm²]	Elastizitätskonstante für z-Richtung, Gl. (68).
$\bar{\sigma}$	[kg/cm²]	Elastizitätskonstante für l-Richtung, Gl. (71).
τ	[kg/cm²]	Schubspannung, Gl. (86).
φ		Schiebewinkel (Radebene gegen die s-Achse) (Bild 1).
χ		Faktor (statisch Unbestimmte), Gl. (88).
ψ		Winkel zwischen Radebene und Bahntangente, Gl. (42).
ω	$\left[\frac{1}{\text{sec}}\right]$	Winkelgeschwindigkeit der Radfelge, Gl. (50).

III. Auslenkung des Pneus.

a) Vorbetrachtung.

Es liege folgender einfacher Fall vor: Ein Rad werde unter dem konstanten Winkel φ zu seiner Ebene geradlinig fortbewegt (Bild 1).

Die Mittelpunktsbahn fällt also in die Richtung der bodenfesten Abszissenachse s. Die Berührung sei zunächst punktförmig oder jedenfalls auf eine sehr kleine Latschfläche begrenzt.

Infolge seiner Weichheit wird sich der Pneu im ersten Moment in der Radebene abrollen. Wird die Auslenkung des Belastungspunktes (der Latsch wird in einem Punkt idealisiert) mit z bezeichnet, so wird also im ersten Augenblick

$$\left.\frac{dz}{ds}\right|_{s=0} = \varphi$$

sein. Die Auslenkung wächst zunächst mit dem Wege, was jedoch nicht unbegrenzt der Fall sein kann, denn der elastische Pneu wehrt sich gegen die Auslenkung und ist bestrebt, sie durch die elastischen Kräfte rückgängig zu machen. Wir wollen für das elastische Zurückholen ein lineares Gesetz in Form von $c \cdot z$ annehmen. Damit gewinnen wir für z folgende Differentialgleichung

$$\frac{dz}{ds} = \varphi - c \cdot z \quad \ldots\ldots\ldots \quad (1)$$

oder

$$\frac{dz}{ds} + c\,z = \varphi \quad \ldots\ldots\ldots \quad (2)$$

Da φ als konstant vorausgesetzt wurde, läßt sich die Gleichung integrieren und wir erhalten:

$$z = A\,e^{-cs} + \frac{\varphi}{c} \quad \ldots\ldots\ldots \quad (3)$$

für $s = 0$ sei $z = 0$, somit

$$z = \frac{\varphi}{c}\,(1 - e^{-cs}) \quad \ldots\ldots\ldots \quad (4)$$

Für $s = \infty$ verschwindet das Integral der homogenen Gleichung und es bleibt

$$z_\infty = \frac{\varphi}{c} \quad \ldots\ldots\ldots \quad (5)$$

Die in Bild 1 gezeichnete Kurve ist eine e-Funktion, deren Asymptote im Abstand φ/c von der s-Achse verläuft. c ist der Reziprokwert einer Länge, die wir mit C bezeichnen wollen und die aus Bild 1 hervorgeht.

$$C = \frac{1}{c} \quad \ldots\ldots\ldots \quad (6)$$

Aus Gl. (5) und Gl. (6) folgt

$$C = \frac{z_\infty}{\varphi} \quad \ldots\ldots\ldots \quad (7)$$

Der Wert C bzw. c kann, wie später gezeigt wird, aus Versuchen ermittelt werden.

b) Bahn des vorderen Berührungspunktes B.

In Wirklichkeit haben wir stets mit einem Latsch endlicher Ausdehnung zu tun, so daß wir uns diesem Fall zuwenden müssen. Eine Vereinfachung dürfen wir uns jedoch zunächst gestatten, und zwar können wir die Latschfläche auf eine Linie zusammenziehen, so daß er nur seine Längsausdehnung $2h$ beibehält.

Der besseren Vorstellung halber denken wir uns, daß am Radumfang in geringen Abständen kleine zugespitzte Nagelköpfe angebracht sind, die allein die Bahn berühren (Bild 2). Es sei damit zunächst auch die Vorstellung einer

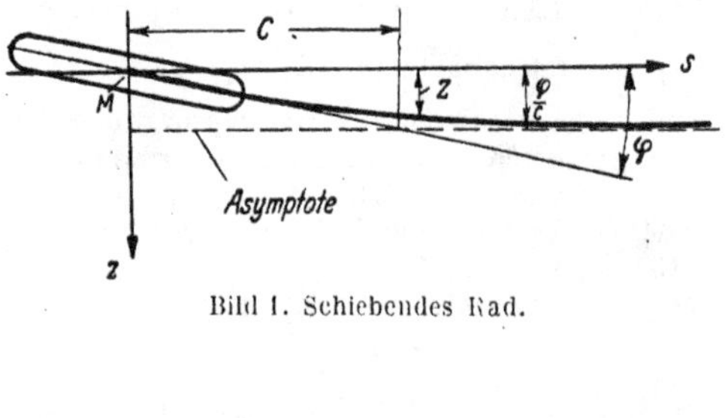

Bild 1. Schiebendes Rad.

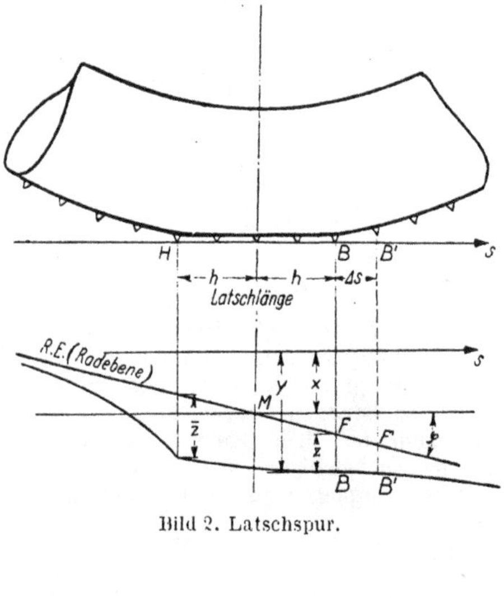

Bild 2. Latschspur.

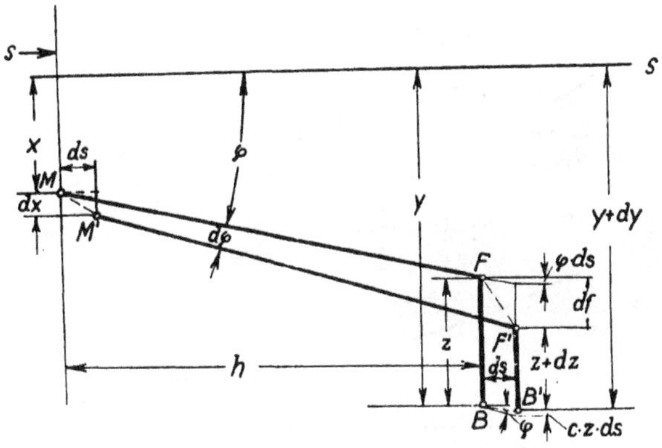

Bild 3.
Senkrechte Draufsicht auf die Bodenebene.

- s Bodenfeste Bezugsachse.
- M Radmittelpunkt.
- B vorderer Latschpunkt (Berührungspunkt).
- F Felgenpunkt über dem Punkt B,
- h halbe Latschlänge.

absoluten Haftung zwischen Pneu und Bahn vom vorderen Berührungspunkt B bis zum hinteren Berührungspunkt H, verbunden. (Über diese Annahme wird in Abschn. VII noch gesprochen werden.) Wie in der Einleitung bereits angedeutet, kann sich ein bepneutes Rad ohne Rutschen am Boden unter einem flachen Winkel zu seiner Ebene fortbewegen. Dies kann besonders deutlich an einem Fahrrad mit schwach aufgepumpten Vorderrad beobachtet werden. Ebenfalls ist das der Grund für das Schleudern des Wagens beim Platzen eines Pneus. Das Rad gehorcht nicht mehr der Lenkung, weil es sich quer zu seiner Ebene zu bewegen vermag. Beim hart aufgepumpten Pneu ist dieser Effekt natürlich auch vorhanden, wenn auch in geringerem Maße.

Der aus seiner Ruhelage ausgelenkte Punkt B befinde sich von dem ihm zugehörigen Felgenpunkt F in einem Abstand z. Die Latschpunkte (zwischen B und H) liegen auf einer Kurve, der »Latschkurve« mit den Abständen ζ von der Radebene. Der Abstand des Punktes H werde mit $\bar{z}$ bezeichnet. Die Kurvenzweige der den Boden nicht berührenden Punkte (rechts von B und links von H) können als e-Funktionen mit der Radebene als Asymptote angenommen werden. (Genaueres siehe III d.)

Mit y, η und $\bar{y}$ werden die entsprechenden Abstände der Latschpunkte von der s-Achse bezeichnet.

Wir suchen zunächst die Bahnkurve des vorderen Berührungspunktes B, d. h. die Funktion $y\,(s)$.

Der Radmittelpunkt verschiebe sich von seiner Lage M nach M' (Bild 3), also um ds und dx, die Radebene drehe sich dabei um $d\varphi$. Felgenpunkt F, der dem Berührungspunkt B entspricht, kommt nach F', bzw., genau gesagt, F' entspricht dem neuen Berührungspunkt B'. Die senkrechte Wanderung beträgt

$$\overline{FF'} = df = dx + h \cdot d\varphi \quad \ldots \ldots \ldots (8)$$

Würde der Pneu vollkommen weich sein, so würde der Punkt B' in Richtung der Radebene aufsetzen. Durch die elastische Kraft wird er jedoch um das Stückchen $c \cdot z \cdot ds$ zurückgezogen, worin c eine durch Versuche zu bestimmende Konstante ist. Somit ergibt sich für z die Gleichung

$$z + dz = z + \varphi \cdot ds - cz \cdot ds - df \quad \ldots \ldots (9)$$

Gl. (8) in (9) eingesetzt ergibt

$$\boxed{\frac{dz}{ds} + cz = \varphi - h \cdot \frac{d\varphi}{ds} - \frac{dx}{ds}} \quad \ldots \ldots (10)$$

Aus Bild 3 ist ferner folgender Zusammenhang ersichtlich:

$$\boxed{y = x + h\varphi + z} \quad \ldots \ldots \ldots (11)$$

daraus

$$\frac{dy}{ds} = \frac{dx}{ds} + h \cdot \frac{d\varphi}{ds} + \frac{dz}{ds} \quad \ldots \ldots \ldots (12)$$

z und $\frac{dz}{ds}$ aus Gl. (11) und (12) in Gl. (10) eingesetzt ergibt:

$$\boxed{\frac{dy}{ds} + cy = \varphi \cdot (1 + ch) + cx} \quad \ldots \ldots (13)$$

Die Differentialgleichungen (10) und (13), die als Grundgleichungen des Problems angesprochen werden können, geben uns die Gesetzmäßigkeit für die Auslenkung des vorderen Berührungspunktes von der Radebene bzw. von der bodenfesten Achse s wieder. Es ist hierbei noch folgendes zu beachten. Die Abszisse s bezieht sich stets auf den Mittelpunkt, wohingegen z und y dem, um das Stück h versetzten, vorderen Punkt B angehören.

Ferner muß beachtet werden, daß die Gl. (10) und (13) nur für kleine Werte von φ, x, z und y Gültigkeit besitzen.

Um Einblick in das Wesen der Gl. (10) und (13) zu gewinnen, betrachten wir einige Sonderfälle einfacher Bewegungen (s. III f).

c) Bahn der nachfolgenden Punkte (Latschkurve).

Nachdem wir uns über die Bewegung des vorderen Punktes B der Latschkurve Klarheit verschafft haben, betrachten wir im folgenden den Bewegungsvorgang des gesamten Linienzuges zwischen B und H. Jeder Punkt P der Latschkurve wird durch seinen Abstand ξ vom vorderen Punkt B und durch den Abstand η von der s-Achse festgelegt.

Während die Ordinate y des Punktes B eine Funktion von s allein ist, ist η eine Funktion von s und ξ. Ausgehend von der Tatsache, daß die einzelnen Berührungspunkte des Pneus mit dem Boden während des Rollens fest am Boden haften, muß der Punkt P (Bild 4) denjenigen Abstand von der s-Achse haben, den er hatte, als er selbst vorderer Punkt war (Bild 4). Dies war der Fall, als der Radmittelpunkt die Abszisse $s - \xi$ hatte.

Also muß sein

$$\boxed{\eta\,(s, \xi) = y\,(s - \xi)}\;^{1)} \quad \ldots \ldots \ldots (14)$$

Dies bedeutet, daß jeder Punkt der Latschkurve genau die gleiche Bahn durchfährt wie der vorderste Punkt B. Es muß an dieser Stelle nochmals betont werden, daß s nicht die Abszisse jedes Punktes, sondern den Weg des Mittelpunktes bedeutet. s hat gleichsam die Rolle der Zeit übernommen[2]).

Für den hinteren Punkt ist $\eta = \bar{y}$ und $\xi = 2h$, somit ist

$$\boxed{\bar{y} = y\,(s - 2h)}\;^{1)} \quad \ldots \ldots \ldots (15)$$

Werden die Punkte der Latschkurve auf die Radebene ($R.E.$ in Bild 5) bezogen, so gilt

$$\boxed{\zeta = \eta - x - (h - \xi) \cdot \varphi} \quad \ldots \ldots \ldots (16)$$

bzw. mit Gl. (14)

$$\boxed{\zeta = y\,(s - \xi)^{1)} - x - (h - \xi) \cdot \varphi} \quad \ldots \ldots (17)$$

und

$$\boxed{\bar{z} = \bar{y} - x + h\varphi} \quad \ldots \ldots \ldots (18)$$

[1]) Zu lesen y von $s - \xi$ bzw. $s - 2h$.

[2]) Es wäre bei den Betrachtungen vielfach einfacher, die Zeit t und die Geschwindigkeit v statt des Weges s einzuführen. Das ist jedoch bewußt vermieden worden, da es sich hier um reine geometrische und elastische Beziehungen handelt, für die die Zeit vollkommen belanglos ist.

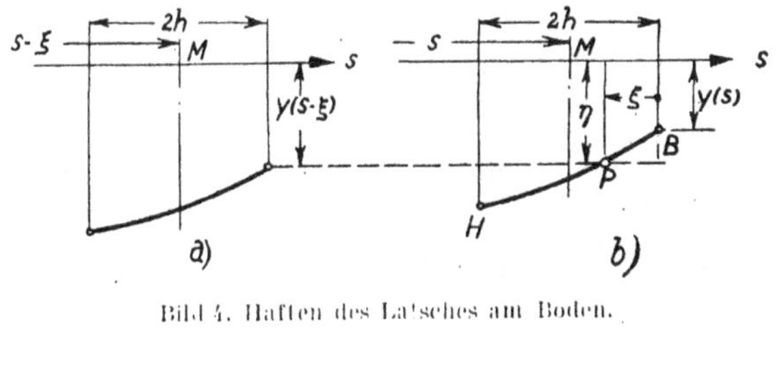

Bild 4. Haften des Latsches am Boden.

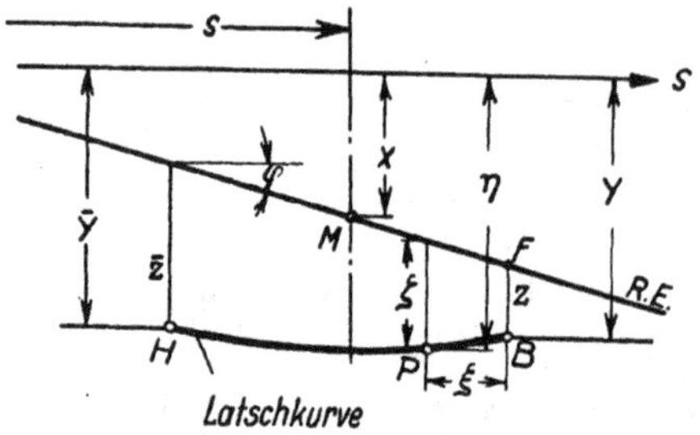

Bild 5.

Mit der Gl. (14) bis (17) ist die Latschkurve vollständig beschrieben, wobei y sich aus der Differentialgleichung (13) ergibt.

Um die Latschkurve auch gefühlsmäßig näher zu bringen, sei noch folgendes Analogon aufgeführt:

Man stelle sich einen Lastenzug, bestehend aus einem Schlepper und einer Reihe von Anhängern vor. Dem Lenker ist ein bestimmter Weg y (s) vorgeschrieben.

Diesen vorgeschriebenen Weg führen dann auch alle Anhänger aus, bloß mit einer gewissen Phasenverschiebung, die so groß ist wie ihr Abstand vom Schlepper. Wie der Schleppzug sich hinter der Zugmaschine dahinschlängelt, so tut es auch der Latsch hinter seinem vorderen Berührungspunkt B (Bild 6).

d) Abklingkurven der Außengebiete, der den Boden nicht berührenden Punkte.

Bei Betrachtung der Randgebiete links und rechts der Latschkurve in Abb. 2 wurde erwähnt, daß diese als e-Funktionen mit der Radebene als Asymptote angesehen werden können. Zu dieser Erkenntnis gelangt man, wenn der Pneu in seinem elastischen Verhalten mit einem gespannten seitlich gezogenen Seil verglichen wird, das auf seiner ganzen Länge durch elastische Kräfte gehalten wird (vgl. Bild 7).

Die Seilkurve, die hier die Rolle der äußersten Punkte des Pneuumfanges spielt, verläuft gegen die festen Punkte, welche die Radfelge darstellen, nach einer e-Funktion. Diese Annahme ist durch Versuche sehr gut bestätigt worden (Bild 42). Wir denken uns, ausgehend von den Endpunkten B und H der Latschkurve, nach links und rechts den Radumfang abgewickelt, so daß, wie in Bild 8 gezeichnet, die beiden Randgebiete I und III und das Mittelgebiet II (Latsch) entstehen. Wegen des starken Abklingens der e-Funktion können wir, ohne einen wesentlichen Fehler zu begehen, die Randgebiete bis ins Unendliche erstreckt denken. Die Gebiete erstrecken sich also wie folgt:

$$\left.\begin{array}{lll} \text{Gebiet I} & -\infty < & \xi \leq 0 \\ \text{Gebiet II} & 0 \leq & \xi \leq 2h \\ \text{Gebiet III} & 2h \leq & \xi < +\infty \end{array}\right\} \quad \ldots . \quad (19)$$

Wie gesagt, sind die beiden im Gebiet I und III liegenden Abklingkurven durch e-Funktionen dargestellt. Also gilt für Gebiet I:

$$\zeta = z \cdot e^{c_1 \xi} \quad \ldots\ldots\ldots . \quad (20)$$

und für Gebiet III:

$$\zeta = \bar{z} \cdot e^{-c_1 (\xi - 2h)} \quad \ldots\ldots . \quad (21)$$

dabei ist c_1 eine noch zu bestimmende positive Konstante, die wir aus dem Gleichsetzen der Tangentenneigungen bei B der Kurven in I und III finden.

In Bild 3 ist der Pneu zum besseren Verständnis mit einer Reihe von Nagelköpfen, die allein den Boden berühren, gezeichnet worden. Nachdem der Punkt B den Boden berührt hat und das Rad um das Stückchen Δs = Teilung der Nagelköpfe weitergerollt ist, setzt Punkt B' auf. Kurz vor der Bodenberührung gehörte er der Kurve der freien Punkte an, und im Moment des Aufsetzens hat er von der Felge noch genau denselben Abstand wie kurz zuvor. Es geht daraus hervor, daß die Latschkurve zwanglos in die der freien Kurve übergeht, d. h. die Kurvenstücke haben gleiche Tangenten im Punkt B.

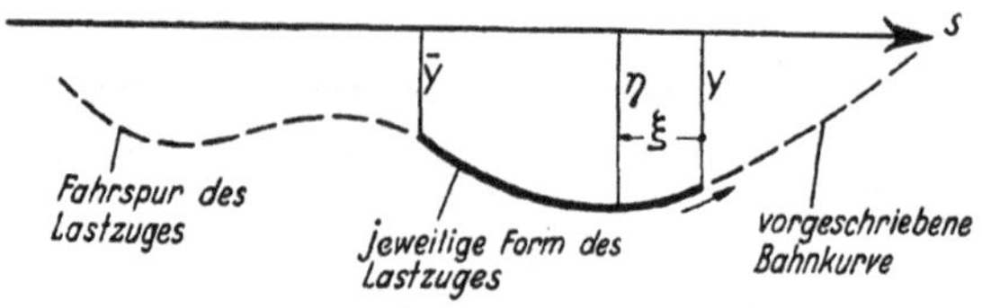

Bild 6. Vergleich des Latsches mit einem Lastzug.

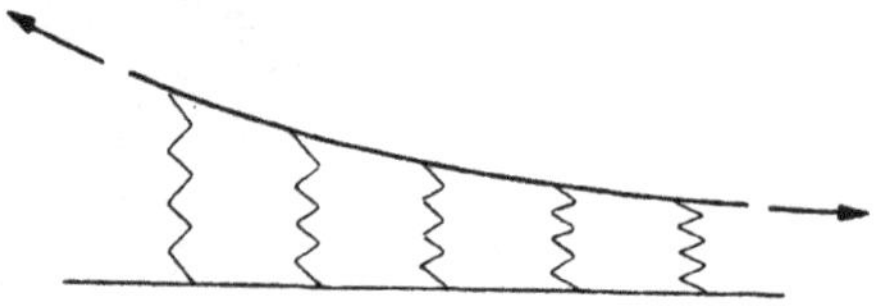

Bild 7. e-Funktion eines gespannten Seiles.

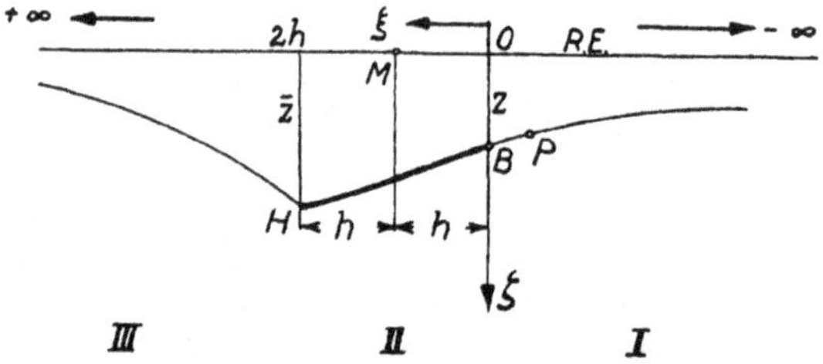

Bild 8. Unterteilung des Radumfanges in die Gebiete I, II und III.

Die Ableitung von ζ im Gebiet I aus Gl. (20) ergibt für $\xi = 0$

$$\left.\frac{\partial \zeta}{\partial \xi}\right|_{\xi=0} = z \cdot c_1 \quad \ldots\ldots\ldots . \quad (22)$$

Im Gebiet II ist nach Gl. (17)

$$\zeta = y\,(s - \xi) - x - h\varphi + \xi\varphi.$$

Daraus

$$\frac{\partial \zeta}{\partial \xi} = \frac{dy}{d\,(s-\xi)} \cdot \frac{\partial\,(s-\xi)}{\partial \xi} + \varphi$$

und mit Beachtung von

$$\frac{\partial\,(s-\xi)}{\partial \xi} = -1$$

für $\xi = 0$

$$\left.\frac{\partial \zeta}{\partial \xi}\right|_{\xi=0} = -\frac{dy}{ds} + \varphi.$$

Nun ist mit Verwendung von Gl. (13)

$$\left.\frac{\delta \zeta}{\delta \xi}\right|_{\xi=0} = +c\,y - \varphi \cdot (1 + ch) - c\,x + \varphi$$

$$= c \cdot (y - x - h\varphi)$$

also mit Gl. (11)

$$\left.\frac{\delta \zeta}{\delta \xi}\right|_{\xi=0} = c \cdot z \quad \ldots\ldots\ldots\ldots\ldots . \quad (23)$$

Aus (22) und (23) folgt die wichtige Feststellung, daß

$$c_1 = c \quad \ldots\ldots\ldots\ldots . \quad (24)$$

und die Gl. (20) und (21) lauten jetzt

$$\text{Gebiet I:} \quad \boxed{\zeta = z\,e^{c\,\xi}} \qquad -\infty < \xi \leq 0 \quad . \; . \quad (25)$$

$$\text{Gebiet III:} \quad \boxed{\zeta = \bar{z}\,e^{-c\,(\xi - 2h)}} \quad 2h \leq \xi < +\infty \quad (26)$$

Im hinteren Punkt H besteht übrigens nicht die Bedingung gleicher Tangenten für Gebiet II und III, so daß die Abklingkurve mit der Latschkurve einen beliebigen Knick haben kann. (In Wirklichkeit ist dort infolge der Gummisteifigkeit keine scharfe Ecke, sondern eine Abrundung vorhanden.)

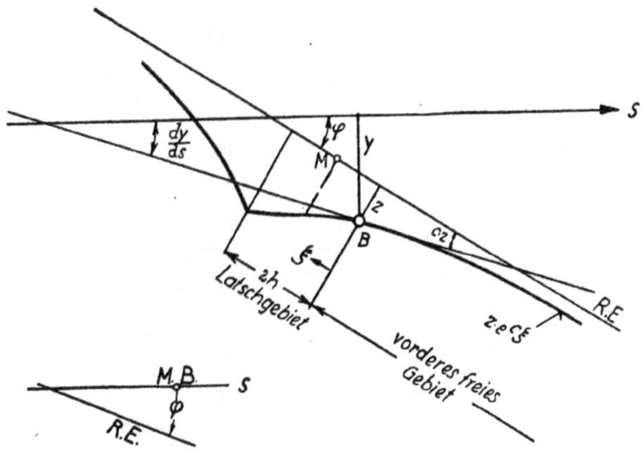

Bild 10. Schieben durch Schrägstellung.

Bild 9. In B ist der Übergang der Kurven von Gebiet I und II knickfrei.

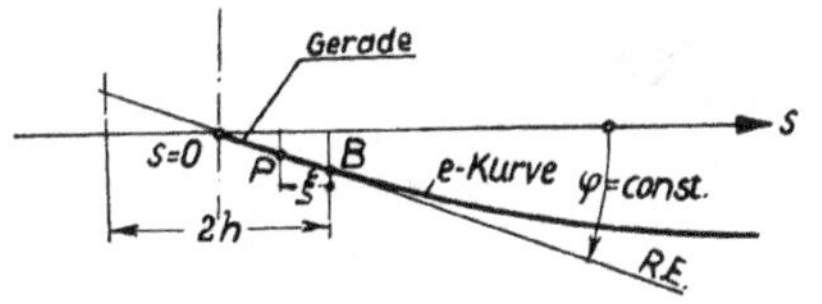

Bild 11.

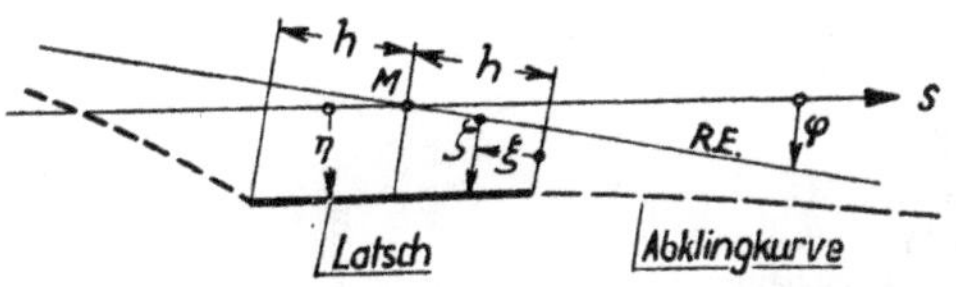

Bild 12. Latsch parallel zur Rollrichtung.

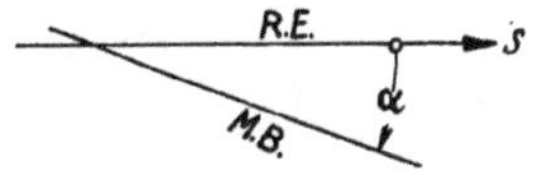

Bild 13. Schieben durch Parallelverschieben.

e) Ableitung der Grundgleichung aus der Spurfolge.

Die Grundgleichung der Bewegung des vorderen Latschpunktes kann auch aus der Erkenntnis gewonnen werden, daß dieser Punkt immer an der Stelle den Boden trifft, wohin er durch Richtung des vorderen freien Pneugebietes geführt wird. Diese Tatsache bedeutet geometrisch die Übereinstimmung der Tangentenneigungen in diesem Punkt (B) im vorderen freien Gebiet und im Latschgebiet; siehe Bild 9.

Der Tangentenneigungswinkel gegen die Radebene ($R.E.$) im vorderen Gebiet hat im Punkt B den Wert $c \cdot z$. Die Bedingung der Spurfolge lautet, wie aus der Summe der Winkel hervorgeht,

$$\frac{dy}{ds} + c \cdot z = \varphi.$$

Wird hier der zwischen z und y gültige Zusammenhang

$$y = z + x + h\varphi \text{ oder}$$
$$z = y - x - h\varphi$$

eingeführt, so entsteht für z bzw. y die gesuchte Grundgleichung

$$\frac{dz}{ds} + c \cdot z = \varphi - h\frac{d\varphi}{ds} - \frac{dx}{ds}$$

bzw.

$$\frac{dy}{ds} + c \cdot y = \varphi(1 + ch) + cx.$$

f) Anwendung auf einfache Bewegungsfälle.

1. Schieben durch Schrägstellung unter konstantem $\sphericalangle \varphi$ (Bild 10).

Die Werte $\varphi =$ konst., $x = 0$, $\varphi' = 0$ und $x' = 0$ in Gl. (10) eingesetzt ergibt:

$$\frac{dz}{ds} + cz = \varphi$$

das ist aber die bereits gelöste Gl. (2) mit dem Integral

$$z = A\,e^{-cs} + \frac{\varphi}{c}.$$

Die Anfangsbedingung laute: für $s = 0$ ist $z = 0$. Damit ergibt sich:

$$z = \frac{\varphi}{c}(1 - e^{-cs}) \quad \ldots\ldots\ldots \quad (27)$$

für $s = \infty$ ist

$$z_\infty = \frac{\varphi}{c} \quad \ldots\ldots\ldots\ldots \quad (28)$$

Mit Gl. (11) und (27) ist:

$$y = \frac{\varphi}{c}(1 + ch - e^{-cs}) \quad \ldots\ldots\ldots \quad (29)$$

$$y_\infty = \frac{\varphi}{c}(1 + ch) \quad \ldots\ldots\ldots\ldots \quad (30)$$

Nachdem y und z gefunden sind, lassen sich die übrigen Werte η, $\bar{y}$, ζ und $\bar{z}$ bestimmen.

Mit Gl. (14) folgt aus Gl. (29):

$$\eta = y(s - \xi) = \frac{\varphi}{c}(1 + ch - e^{-c(s+\xi)}) \quad . \; . \quad (31)$$

mit Gl. (15) ist

$$\bar{y} = \frac{\varphi}{c}(1 + ch - e^{-c(s-2h)}) \quad \ldots\ldots \quad (32)$$

ferner ist mit Gl. (16)

$$\zeta = \frac{\varphi}{c}(1 - e^{-c(s-\xi)} + c\xi) \quad \ldots\ldots \quad (33)$$

und mit Gl. (18)

$$\bar{z} = \frac{\varphi}{c}(1 - e^{-c(s-2h)} + c\,2h) \quad \ldots \quad (34)$$

Die Gl. (31) bis (34) haben Gültigkeit nur von $s = \xi$ an, da die Latschkurve bis $s = \xi$ der durch $\eta = y\,(s - \xi)$ beschriebenen Funktion nicht gehorcht. Dies geht aus folgender Betrachtung hervor:

Zu Beginn der Bewegung befinden sich alle Latschpunkt P auf einer Geraden (Bild 11). Setzt sich das Rad in Bewegung, dann wandert der vordere Punkt B auf einer e-Kurve, die übrigen Punkte dagegen zunächst auf der Anfangsgeraden. Erst wenn ein Punkt P um das Stück ξ gewandert ist, betritt er die durch Punkt B vorgeschriebene e-Kurve, d. h. seine Bahn erfährt da eine Unstetigkeit, indem sie aus einer Geraden in eine e-Kurve übergeht. Für jeden Punkt erfolgt der Eintritt auf die e-Kurve zu einem anderen Zeitpunkt, so für den vorderen bei $s = 0$, für einen beliebigen Punkt bei $s = \xi$ und für den hinteren Punkt, für $s = 2h$. Ab $s = 2h$ erst befindet sich der ganze Latsch auf der e-Kurve.

Für $s = \infty$ gehen die G. (31) und (33) über in

$$\eta_\infty = \frac{\varphi}{c}(1 + ch) = \text{konst.} = y_\infty \quad \ldots\ldots \quad (35)$$

$$\zeta_\infty = \frac{\varphi}{c}(1 + c\xi) \quad \ldots\ldots\ldots\ldots \quad (36)$$

Der Latsch wird nach genügend langem Schieben (theoretisch im ∞) zu einer Geraden, die im Abstand $\frac{\varphi}{c}(1 + ch)$ von der s-Achse parallel zu dieser verläuft (Bild 12).

Für $\xi = 0$ und $2h$ ist mit Gl. (36)

$$z_\infty = \frac{\varphi}{c} \quad \ldots\ldots\ldots\ldots \quad (37)$$

und

$$\bar{z}_\infty = \frac{\varphi}{c}(1 + c\,2h) \quad \ldots\ldots\ldots \quad (38)$$

2. Schieben durch Parallelverschieben des Rades $\varphi = 0$ und $\frac{dx}{ds} = \alpha$ (Bild 13).

$$\frac{dz}{ds} + cz = -\alpha$$

Lösung:

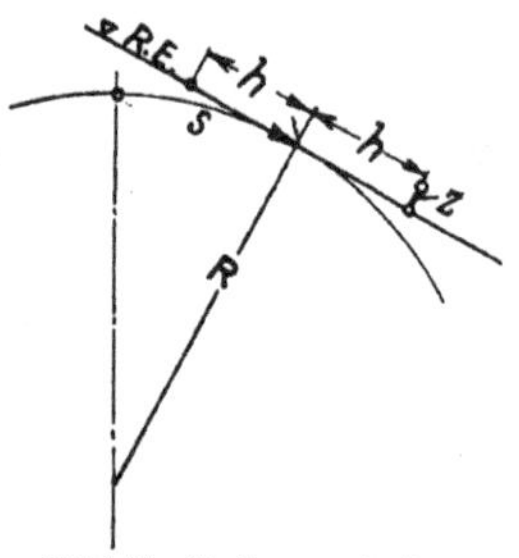

Bild 14. Rollen auf einer Kreisbahn.

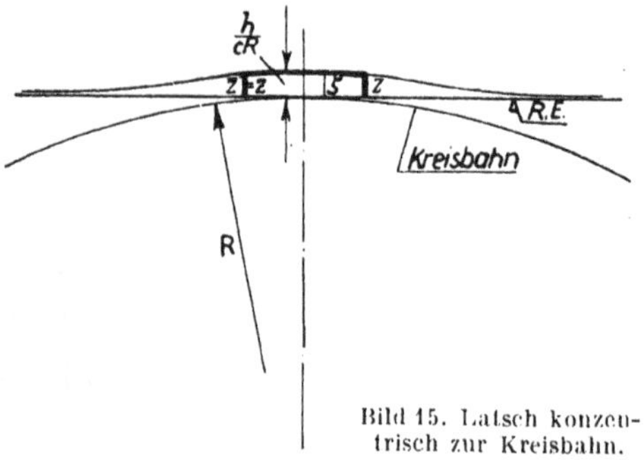

Bild 15. Latsch konzentrisch zur Kreisbahn.

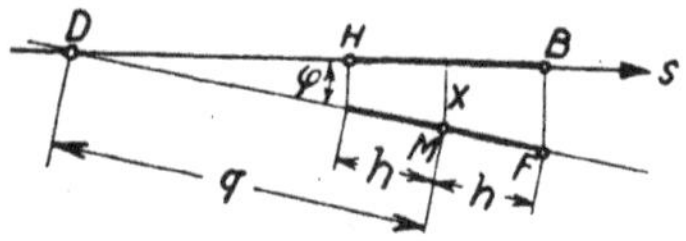

Bild 16.

Bild 17.

$$z = -\frac{\alpha}{c}(1 - e^{-cs}) \quad \ldots\ldots\ldots \quad (39)$$

$$z_\infty = -\frac{\alpha}{c} \quad \ldots\ldots\ldots \quad (40)$$

$$y = -\frac{\alpha}{c}(1 - e^{-cs}) + \alpha \cdot s \quad \ldots\ldots \quad (41)$$

Gl. (39) entspricht der Gl. (27) mit umgekehrtem Vorzeichen, was auch zu erwarten war, da auch die Bewegungen bis auf die Vorzeichen dieselben sind. (Bild 13. Statt φ steht jetzt $-\alpha$.)

3. Schieben durch Schrägstellung und gleichzeitige Parallelverschiebung.

$$\varphi = \text{konst.} \cdot \frac{d\varphi}{ds} = 0 \qquad \frac{dx}{ds} = \alpha$$

$$\frac{dz}{ds} + cz = \varphi - \alpha$$

$$z = \frac{\varphi - \alpha}{c}(1 - e^{-cs})$$

bei $\varphi = \alpha$ ist $z = 0$ (Rollen).

Was auch durch Überlagerung aus Fall 1 und 2 hervorgeht.

4. Kreisbahn (Bild 14).

Hier ist es zweckmäßig, auf natürliche Koordinaten überzugehen. Gl. (10) lautet dann:

$$\boxed{\frac{dz}{ds} + cz = \psi - \frac{h}{R} - h\frac{d\psi}{ds}}, \quad \ldots\ldots \quad (42)$$

wobei s auf dem Bogen zu messen ist. ψ ist der Winkel zwischen der Radebene und der Bahntangente und R der Krümmungsradius.

Bei der Kreisbahn ist R = konst. Ferner sei $\psi = 0$, dann ist:

$$\frac{dz}{ds} + cz = -\frac{h}{R}$$

$$z = A\,e^{-cs} - \frac{h}{cR}$$

für $s = \infty$ ist

$$z_\infty = -\frac{h}{cR} \quad \ldots\ldots\ldots \quad (43)$$

D. h. es stellt sich bei der Kreisbewegung bei $s = \infty$ eine konstante Auslenkung $\frac{h}{cR}$ ein.

Der vordere Punkt beschreibt also einen konzentrischen Kreis mit dem Radius $R + \frac{h}{cR}$. Da die übrigen Punkte ihm folgen, so beschreiben sie ebenfalls diesen Kreis. Somit ist auch der Latsch ein Kreisbogen, der im Abstand $\frac{h}{cR}$ von der Mittelpunktsbahn liegt (Bild 15).

5. Am Hebelarm q geführtes Rad mit der Nebenbedingung, daß der Latsch stets auf der s-Achse liegen bleibt (Bild 16).

$x = q \cdot \varphi$ in Gl. (13) gesetzt ergibt

$$y' + cy = \varphi\,[1 + c\,(h + q)].$$

Die Bedingung, daß der Latsch stets auf der s-Achse bleibt, wird dann erfüllt, wenn $y = 0$. Dies in obige Gleichung eingesetzt ergibt:

$$0 = \varphi\,[1 + c\,(h + q)]$$

d. h. entweder $\varphi = 0$, was den einfachen Fall des Rollens ohne Auslenkung des Armes q bedeutet, oder

$$1 + c\,(h + q) = 0,$$

was eine Bestimmungsgleichung für q darstellt.

Die Bedingung, daß der Latsch stets auf der s-Achse bleibt, ganz gleich bei welchem Schiebewinkel φ, wird demnach erfüllt, wenn

$$q = -\left(h + \frac{1}{c}\right) = -(h + C) \quad \ldots\ldots \quad (44)$$

Das negative Vorzeichen bedeutet Nachlauf.

6. Das an einem Hebelarm q angebrachte Rad führe eine erzwungene, harmonische Schwingung aus (Bild 17).

$x = q \cdot \varphi$ und $\varphi = \varphi_0 \cos \alpha \cdot s$ in Gl. (13) eingesetzt ergibt:

$$y' + cy = [1 + c\,(h + q)]\,\varphi_0 \cos \alpha \cdot s.$$

Das Integral der vollständigen Differenzgleichung lautet:

$$y = \frac{\varphi_0}{c^2 + \alpha^2}\,[1 + c\,(h + q)]\,[c \cdot \cos \alpha s + \alpha \cdot \sin \alpha s] \quad (45)$$

oder

$$y = \frac{\varphi_0}{\sqrt{c^2 + \alpha^2}}\,[1 + c\,(h + q)] \cos(\alpha s - \varepsilon) \quad \ldots\ldots \quad (46)$$

wobei die Phasenverschiebung ε aus der Gleichung

$$\operatorname{tg} \varepsilon = \frac{\alpha}{c} \quad \ldots\ldots\ldots \quad (47)$$

hervorgeht. Wird mit S die Wellenlänge bezeichnet (Bild 18), dann ist

$$\alpha = \frac{2\pi}{S} \quad \ldots\ldots\ldots \quad (48)$$

Somit ist

$$\operatorname{tg} \varepsilon = \frac{2\pi}{S \cdot c} = 2\pi \cdot \frac{C}{S} \quad \ldots\ldots\ldots \quad (49)$$

Für recht kleine Werte $\frac{C}{S}$ wird $\varepsilon \to 0$, d. h. es tritt zwischen φ und y praktisch keine Phasenverschiebung auf.

Für $\frac{C}{S} \to \infty$ ist $\varepsilon = 90^0$, was nur als Grenzwert zu betrachten ist, der praktisch nicht auftreten kann.

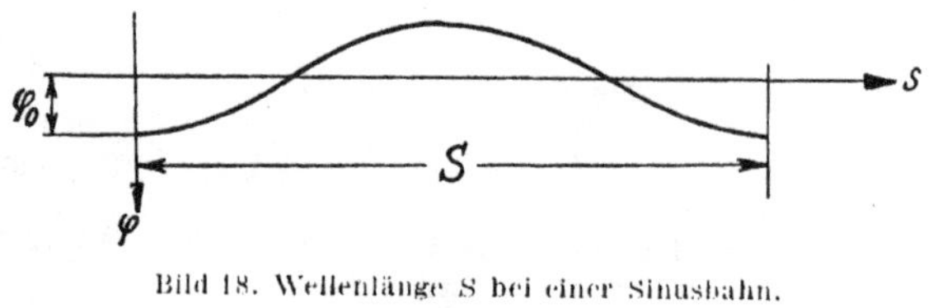

Bild 18. Wellenlänge S bei einer Sinusbahn.

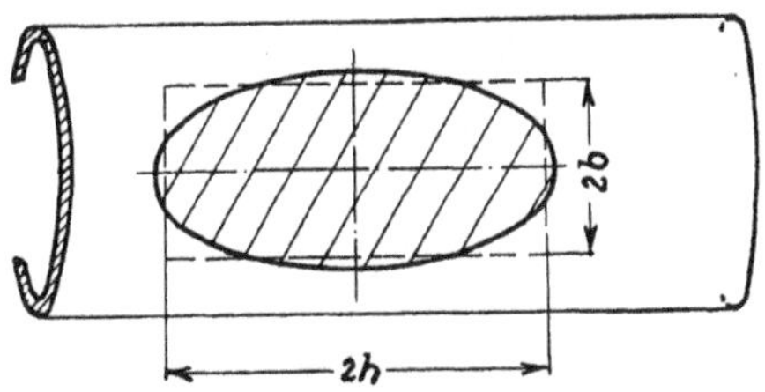

Bild 19. Elliptischer Latsch.

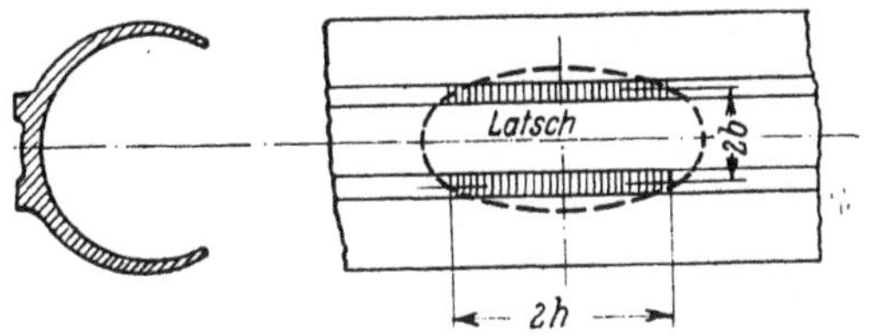

Bild 20. Reduktion des Latsches auf zwei Profilwülste.

IV. Verformung des Pneus in Umfangsrichtung.

a) Vorbetrachtung.

In Abschnitt III hatten wir angenommen, daß der Latsch zu einer Linie von der Länge $2h$ zusammengezogen ist. In Wirklichkeit besitzt er auch eine Breitenausdehnung, die wir mit $2b$ bezeichnen (Bild 19).

Fährt das Rad eine Kurve, so muß die äußere Latschbegrenzung einen größeren Weg als die innere zurücklegen, also muß sich der Pneu in Umfangsrichtung verformen. Der Einfachheit halber nehmen wir an, daß der Pneu ein Profil nach Bild 20 besitzt, so daß der Latsch aus zwei sehr schmalen Spuren in einem Abstand $2b$ besteht.

Die beiden Spuren haben beim Kurvenrollen eine gegenseitige elastische Verschiebung in Umfangsrichtung, denn ihre Umfangsgeschwindigkeit stimmt nicht mit derjenigen der Radmitte überein.

Es sei r der Radhalbmesser und ω die Winkelgeschwindigkeit des rollenden Rades, so ist die Rollgeschwindigkeit der Radmittelebene

$$v = \omega \cdot r.$$

Ferner bedeute R einen zunächst konstanten Krümmungsradius der Kurve längs der das Rad rollt. Dann ist die Umfangsgeschwindigkeit der äußeren Latschspur

$$\bar v = \omega r \cdot \frac{R+b}{R} = v \cdot \left(1 + \frac{b}{R}\right) \quad . \quad . \quad . \quad . \quad . \quad (50)$$

Im Verlauf einer Zeit t hat die Radmitte den Weg

$$s = v \cdot t$$

und die äußere Spur

$$\bar s = \bar v \cdot t = v\left(1 + \frac{b}{R}\right) \cdot t$$

zurückgelegt. Es ist also

$$\bar s \neq s$$

Die Differenz zwischen dem Weg $\bar s$ der Latschspur und dem Weg s des Radmittelpunktes muß auf irgendeine Art ausgeglichen werden. Bei einem starren Rad erfolgt dies durch Rutschen, beim bepneuten Rad durch elastische Verformung des Pneus, wenigstens solange der Kurvenradius nicht zu klein wird. Das Problem des Pneus mit endlicher Breitausdehnung des Latsches läßt sich auf die geschilderte Art auf das eines Rades, dessen Umfangsgeschwindigkeit mit der Weggeschwindigkeit nicht übereinstimmt, reduzieren.

Es sei hier schon bemerkt, daß das Problem von 2 starr miteinander verbundenen Rädern in der Kurve identisch mit dem des in zwei Spuren aufgeteilten Pneu ist. Somit haben die Gl. (64) bis (66) auch unmittelbare Anwendung auf ein bepneutes Rad mit endlicher Latschbreite.

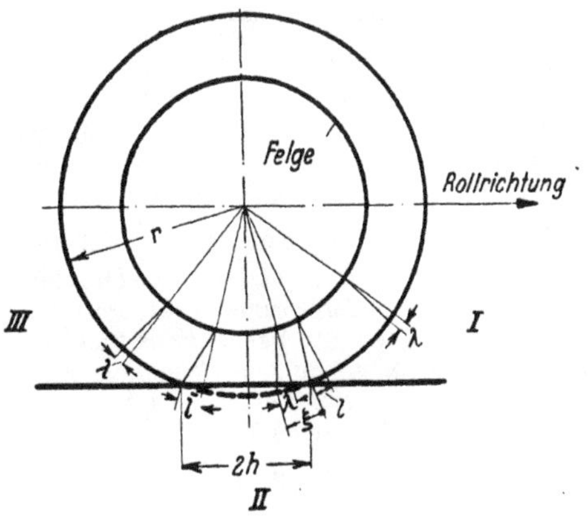

Bild 21. Verformung in Umfangsrichtung.

b) Das Einradproblem mit $\bar s \neq s$ Bild 21.

Wir definieren

$$u = \int_0^T \omega \cdot r \cdot dt \quad . \quad . \quad . \quad . \quad . \quad . \quad . \quad . \quad . \quad (51)$$

als Umfangsweg des Rades, wobei in Gl. (51) ω die Winkelgeschwindigkeit der Felge, r den Radius des Pneus und t die Zeit bedeutet. Ferner

$$\bar s = \int_0^T \bar v \, dt \quad . \quad . \quad . \quad . \quad . \quad . \quad . \quad . \quad . \quad (52)$$

als Weg des Rades, wobei $\bar v$ die Bahngeschwindigkeit ist.

Das Rad rollt geradlinig, wobei seine durch $\omega \cdot r$ gegebene Umfangsgeschwindigkeit mit seiner Bahngeschwindigkeit $\bar v$ nicht übereinstimmt. Es ist also

$$\omega \neq \bar v \quad . \quad . \quad . \quad . \quad . \quad . \quad . \quad . \quad . \quad . \quad (53)$$

und mit Gl. (51) und (52) auch im allgemeinen

$$u \neq \bar s \quad . \quad . \quad . \quad . \quad . \quad . \quad . \quad . \quad . \quad . \quad . \quad (54)$$

Um die Differenz $\bar s - u$ zu kompensieren, müssen am Pneu elastische Verformungen in Umfangsrichtung, die mit λ bezeichnet seien, auftreten (Bild 21).

Es braucht kaum erwähnt zu werden, daß ein derartiges Rollen nur unter Einwirkung irgendwelcher Momente an der Nabe möglich ist. Ist z. B. $u < \bar s$, so muß ein Bremsmoment, bei $u > \bar s$ ein Antriebsmoment wirken. Ferner sei noch bemerkt, daß auch bei diesem Problem die Zeit und die Geschwindigkeit keine Rolle spielen, da es nur auf die Differenz der Wege ankommt. Sie ist in Gl. (51) bis (53) lediglich der besseren Anschaulichkeit halber eingeführt worden. Wir unterscheiden, analog zu Abschnitt III, auch die 3 Pneugebiete I, II und III, wobei die freien Randgebiete I und III, die eigentlich ineinander übergehen, wieder als unabhängig und bis ins ∞ sich erstreckend gedacht werden.

Die Umfangskoordinate sei wieder ξ, die Verformung sei allgemein mit λ, für den vorderen Berührungspunkt B mit l, für den hinteren Punkt mit $\bar l$ bezeichnet.

1. Verschiebung l des vorderen Berührungspunktes B.

Beim Rollen um das Stückchen $d\bar s$ beträgt der Weg des Umfanges (des fiktiven starren Umfanges mit dem Radius r) du, das kleiner als $d\bar s$ sei. Die Differenz muß durch die Elastizität des Pneus kompensiert werden, und zwar einmal dadurch, daß der Pneu durch die herrschende Spannung sich etwas dehnt, und ferner durch die unmittelbare Verschiebung des Elementes um dl. Die Dehnung setzten wir proportional der an der Stelle herrschenden Verschiebung l, wobei der Proportionalitätsfaktor mit k benannt werde. Daraus folgt die Differentialgleichung

$$dl + k \cdot l \cdot du = d\bar s - du$$

oder

$$\boxed{\frac{d\,l}{d\,u} + k \cdot l = \frac{d\,\bar{s}}{d\,u} - 1} \quad \ldots\ldots\ldots \quad (55)$$

Die Gleichung ist in ihrem Aufbau analog der Gl. (10) in Abschnitt III, wobei an Stelle der seitlichen Auslenkung z die Verschiebung in Umfangsrichtung l tritt.

2. Verschiebung der übrigen Latschpunkte.

Es werde wieder vorausgesetzt, daß die einzelnen Latschpunkte während der Bodenberührung fest am Boden haften. Durchläuft das Rad das Stückchen $d\bar{s}$ und ist der Weg des fiktiven Umfangs du, so muß die Zunahme der Verschiebung $d\lambda$ gleich der Differenz der beiden Wegstrecken sein. Also gilt für ein und dieselbe Faser:

$$d\,\lambda = \lambda\,(\xi + d\,\xi,\ u + d\,u) - \lambda\,(\xi, u) = d\,\bar{s} - d\,u$$

oder

$$\frac{\partial\,\lambda}{\partial\,\xi} \cdot d\,\xi + \frac{\partial\,\lambda}{\partial\,u}\,d\,u = d\,\bar{s} - d\,u.$$

Mit

$$d\,u = d\,\xi$$

ergibt sich

$$\frac{\partial\,\lambda}{\partial\,\xi} + \frac{\partial\,\lambda}{\partial\,u} = \frac{d\,\bar{s}}{d\,u} - 1.$$

Diese partielle Differentialgleichung aufgelöst und die Anfangsbedingung $\lambda = l$ für $\xi = 0$ ergibt

$$\boxed{\lambda\,(u, \xi) = l\,(u - \xi) - \xi + \bar{s}\,(u) - \bar{s}\,(u - \xi)} \quad \ldots \quad (56)$$

Für den hinteren Punkt H wird dann

$$\boxed{\bar{l} = l\,(u - 2\,h) - 2\,h + \bar{s}\,(u) - \bar{s}\,(u - 2\,h)} \quad \ldots \quad (57)$$

3. Abklingfunktion der Randgebiete I und III.

Aus der Gleichsetzung der Dehnung $\frac{d\,\lambda}{d\,\xi}$ mit der Zugkraft, die proportional der Verschiebung λ ist, wobei als Proportionalitätsfaktor der bereits in Gl. (55) vorkommende Faktor k zu nehmen ist, ergibt sich für die Randgebiete folgende Differentialgleichung

$$\frac{d\,\lambda}{d\,\xi} \mp k\,\lambda = 0^{3)}$$

und daraus im Gebiet I:

$$\lambda = A\,e^{k\,\xi}.$$

Im Gebiet I ist für $\xi = 0$ $\lambda = l$, somit:

$$\boxed{\lambda = l \cdot e^{k\,\xi}} \quad \ldots\ldots\ldots\ldots \quad (58)$$

Im Gebiet III ist für $\xi = 2\,h$ $\lambda = \bar{l}$, somit:

$$\boxed{\lambda = \bar{l}\,e^{k\,(2\,h - \xi)}} \quad \ldots\ldots\ldots \quad (59)$$

c) Zwei starr miteinander verbundene Räder (Bild 22).

Zwei miteinander starr verbundene Räder laufen auf einer durch den Krümmungsradius R gekennzeichneten Kurve mit einer konstanten Geschwindigkeit $v = r \cdot \omega$. Dann ist die Geschwindigkeit des äußeren Rades

$$\bar{v} = v\left(1 + \frac{b}{R}\right) \quad \ldots\ldots\ldots \quad (60)$$

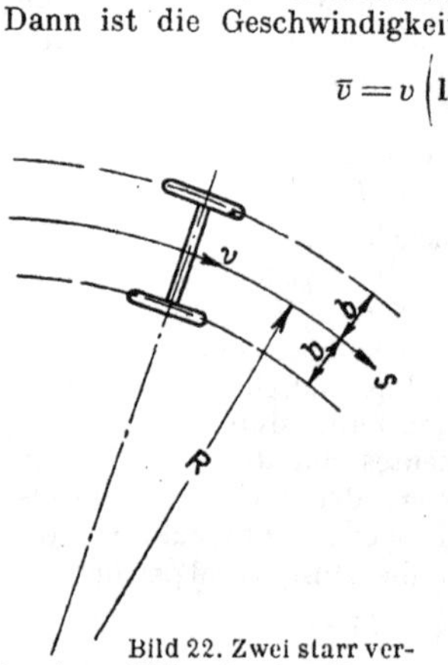

Bild 22. Zwei starr verbundene Räder in der Kurve.

(vgl. Gl. (50)).

Der von einem gewählten Anfang aus gemessene Weg u ist nach Gl. (51)

$$u = \int_0^T v \cdot d\,t = v \cdot T = s \quad (61)$$

Er ist für beide Räder gleich dem gemeinsamen Weg s. Der Weg $\bar{s}$ ist nach Gl. (52)

$$\bar{s} = \int_0^T \bar{v}\,d\,T$$

$$= v \cdot \int_0^T \left(1 + \frac{b}{R}\right) d\,t.$$

Indem wir $d\,T$ durch $\frac{d\,u}{v}$ ersetzten und gleichzeitig für u überall s schreiben, erhalten wir

$$\left.\begin{aligned} \bar{s} &= v \cdot \int_0^s \left(1 + \frac{b}{R}\right) \frac{d\,s}{v} \\ \bar{s} &= s + b \int_0^s \frac{d\,s}{R} \end{aligned}\right\} \quad \ldots\ldots \quad (62)$$

und daraus

$$\frac{d\,\bar{s}}{d\,s} = 1 + \frac{b}{R} \quad \ldots\ldots\ldots\ldots \quad (63)$$

Mit Beachtung dessen, daß jetzt $u = s$ gesetzt wurde, geht Gl. (55) über in

$$\boxed{\frac{d\,l}{d\,s} + k\,l = \pm\,\frac{b}{R}} \quad \ldots\ldots\ldots \quad (64)$$

Gl. (56) für λ im Gebiet II geht über in

$$\boxed{\lambda\,(s, \xi) = l\,(s - \xi) \pm b \int_{s-\xi}^{s} \frac{d\,s}{R}} \quad \ldots\ldots \quad (65)$$

und Gl. (57) in

$$\boxed{\bar{l} = l\,(s - 2\,h) \pm b \int_{s-2\,h}^{s} \frac{d\,u}{R}} \quad \ldots\ldots \quad (66)$$

In Gl. (64) bis (66) gilt für das außen laufende Rad das positive, für das Innenrad das negative Vorzeichen.

d) Anwendung auf einfache Bewegungsfälle.

1. Ein gebremst laufendes Rad.

Ein Rad werde gebremst, so daß die Umfangsgeschwindigkeit ωr nur 95% der Bahngeschwindigkeit $\bar{v}$ beträgt. Es ist also nach Gl. (53) und (54)

$$\omega\,r = 0{,}95\,\bar{v}$$

und damit

$$u = 0{,}95\,\bar{s};\ \bar{s} = 1{,}05\,u,$$

woraus

$$\frac{d\,\bar{s}}{d\,u} = 1{,}05.$$

Mit Gl. (55) ist somit

$$\frac{d\,l}{d\,u} + k\,l = 1{,}05 - 1 = 0{,}05$$

und

$$l = A\,e^{-k\,s} + \frac{0{,}05}{k}.$$

Nach genügend langem Bremsweg stellt sich also ein l ein:

$$l_\infty = \frac{0{,}05}{k}.$$

Mit $k = 0{,}15\,\frac{1}{\text{cm}}$ ist die Pneuverformung

$$l_\infty = 0{,}33\ \text{cm}.$$

Mit Gl. (56) ist

$$\lambda = l_\infty - \xi + 1{,}05\,u - 1{,}05 \cdot (u - \xi) = l_\infty + 0{,}05\,\xi$$

[3]) Die verschiedenen Vorzeichen rühren daher, daß in beiden Gebieten entgegengesetzte Spannungen (Zug und Druck) herrschen

für $\xi = 2h$ ist

$$\bar{l}_\infty = l_\infty + 0{,}05\,2\,h \text{ und mit } 2\,h = 9 \text{ cm}$$
$$\bar{l}_\infty = 0{,}33 + 0{,}05 \cdot 9 = 0{,}78 \text{ cm}.$$

2. Zwei Räder laufen auf einer Kreisbahn.

Der konstante Krümmungsradius sei $R = 5$ m, der Radabstand $2b = 1{,}5$ m. Die Räder sitzen starr auf einer Achse (ohne Differential). Ferner sei $k = 0{,}15$ l/cm und $2h = 9$ cm.

Nach Gl. (64) ist für das Außenrad

$$\frac{d\,l}{d\,s} + k\,l = \frac{b}{R} = \frac{0{,}75}{5{,}0} = 0{,}15$$
$$l = A\,e^{-k\,s} + \frac{0{,}15}{0{,}15}.$$

Nach genügend langem Weg s ist somit

$$l_\infty = 1{,}0 \text{ cm}.$$

Nach Gl. (65) ist

$$\lambda = l\,(s - \xi) + b \int\limits_{s-\xi}^{s} \frac{d\,s}{R} = l\,(s - \xi) + 0{,}2\,\xi,$$
$$\lambda_\infty = 1{,}0 + 0{,}1\,\xi,$$
$$\bar{l}_\infty = 1{,}0 + 0{,}1 \cdot q = 1{,}9 \text{ cm}.$$

3. Ein bepneutes Rad mit endlicher Latschbreite laufe auf einer Sinuskurve.

Wird mit x der Abstand des Radmittelpunktes von der geraden s-Achse, mit S die Wellenlänge bezeichnet, so lautet der Ansatz mit $\alpha = \frac{2\pi}{S}$ = »Wegfrequenz«

$$x = X \cdot \sin \alpha \cdot s.$$

Daraus

$$\frac{d^2 x}{d\,s^2} = -X \cdot \alpha^2 \cdot \sin \alpha\, s.$$

Ist $X \ll S$, d. h. liegt eine flache sin-Kurve vor, so ist näherungsweise

$$\frac{1}{R} = \frac{d^2 x}{d\,s^2}.$$

Somit geht Gl. (64) über in

$$\frac{d\,l}{d\,s} + k\,l = -X \cdot \alpha^2 \cdot \sin \alpha\, s$$

und das Integral der vollständigen Gleichung:

$$l = X \cdot b \cdot \alpha^2 \sqrt{k^2 + \alpha^2} \sin \cdot (\alpha \cdot s - \varepsilon)$$

worin $\operatorname{tg} \varepsilon = \frac{\alpha}{k}$ der tg des Phasenverschiebungswinkels ist.

Nach Gl. (65) ist

$$\lambda = l\,(s - \xi) + b \int\limits_{s-\xi}^{s} (-X \cdot \alpha^2 \sin \alpha \cdot s)\, d\,s.$$

Daraus

$$\lambda = l\,(s - \xi) + X\,b\,\alpha\,[\cos \alpha\, s - \cos \alpha\,(s - \xi)]$$

und

$$\bar{l} = l\,(s - 2\,h) + X\,b\,\alpha\,[\cos \alpha\, s - \cos \alpha\,(s - 2\,h)].$$

V. Elastische Kräfte.

a) Einteilung der Kräfte.

Die vom Boden herrührenden äußeren Kräfte auf das Rad greifen an der Latschfläche an und bewirken die Auslenkungen des Pneus, von denen in den vorhergehenden Abschnitten die Rede war.

Anstatt mit den äußeren Kräften auf den Pneu zu rechnen, ist es bequemer, die auf die Radfelge wirkenden elastischen, durch Auslenkungen bestimmten Kräfte zu verwenden, welche ja den erstgenannten in ihrer Wirkung völlig gleichwertig sind.

Wir beziehen die Kräfte auf die Felgenmitte. Insgesamt wirken zwei Kräfte P und Q senkrecht zur bzw. in Radebene und ein Moment M (Bild 23).

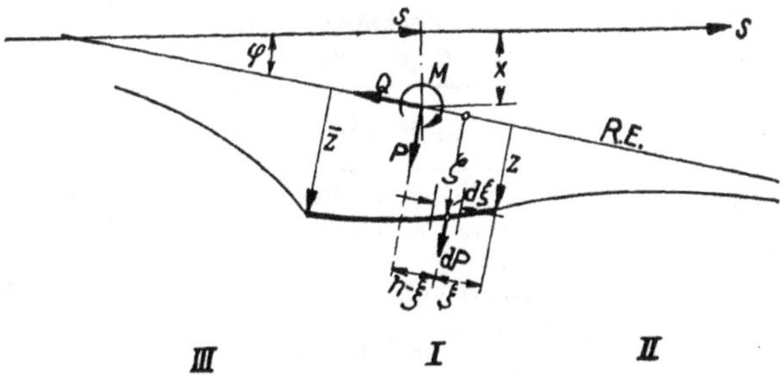

Bild 23. Angreifende Kräfte.

Die Kraft P rührt von den seitlichen Auslenkungen ζ, die Kraft Q von den Längsverschiebungen λ und das Moment M von beiden her.

Wir unterteilen das Moment in drei Bestandteile

$$M = M_\zeta + M_m + M_l \quad \ldots\ldots\ldots \quad (67)$$

deren Bedeutung im folgenden erläutert wird. Die beiden ersten Bestandteile dieses Momentes werden später zusammengezogen und mit M_z bezeichnet werden

$$M_z = M_\zeta + M_m \quad \ldots\ldots\ldots \quad (67\,\text{a})$$

b) Elastische Kraft P infolge seitlicher Auslenkung ζ.

Die Kraft, die von einem um ζ ausgelenkten Element $d\xi$ des Pneuumfanges senkrecht auf die Felgenebene ausgeübt wird, sei

$$d\,P = \sigma \cdot \zeta \cdot d\,\xi, \quad \ldots\ldots\ldots \quad (68)$$

wobei σ eine dem Pneu eigene Elastizitätskonstante bedeutet (vgl. Bild 23).

Die Summe dieser Kräfte ergibt eine Kraft P, deren positive Richtung im Bild 23 eingezeichnet ist.

Es ist also

$$P = \int d\,P = \int\limits_{-\infty}^{+\infty} \sigma\,\zeta \cdot d\,\xi \quad \ldots\ldots\ldots \quad (69)$$

Die Integrale über die beiden Außengebiete I und II können ausgewertet werden. Mit Verwendung der Gl. (25), (26) ergibt sich nach kurzen Zwischenrechnungen der Ausdruck

$$\boxed{P = \sigma \cdot \int\limits_0^{2h} \zeta\, d\,\xi + \sigma \cdot \frac{z + \bar{z}}{c}} \quad \ldots\ldots \quad (70)$$

(vgl. auch die vereinfachte Gl. (96)).

c) Elastische Kraft Q infolge Verformung λ in Umfangsrichtung.

Die an den beiden Profilwülsten (s. Abschnitt IV) auftretenden Verformungen λ bewirken an der Felge elastische Kräfte und Momente. Die in Radmittelebene angreifende Kraft Q (Bild 24 u. 25) ergibt sich folgendermaßen:

Es ist

$$Q \cdot r = r \int\limits_{-\infty}^{+\infty} \bar{\sigma}\,\lambda \cdot d\,\xi \quad \ldots\ldots\ldots \quad (71)$$

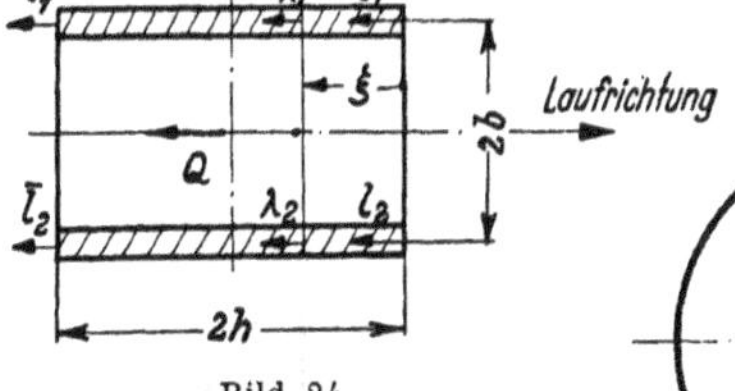

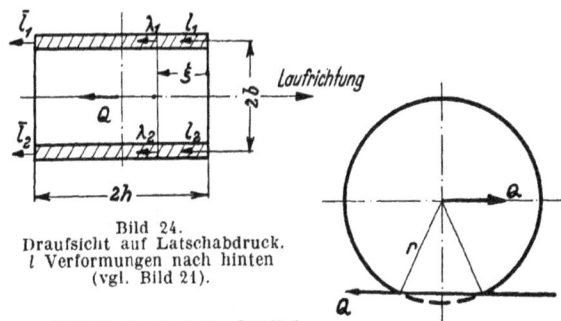

Bild 24.
Draufsicht auf Latschabdruck.
l Verformungen nach hinten
(vgl. Bild 21).

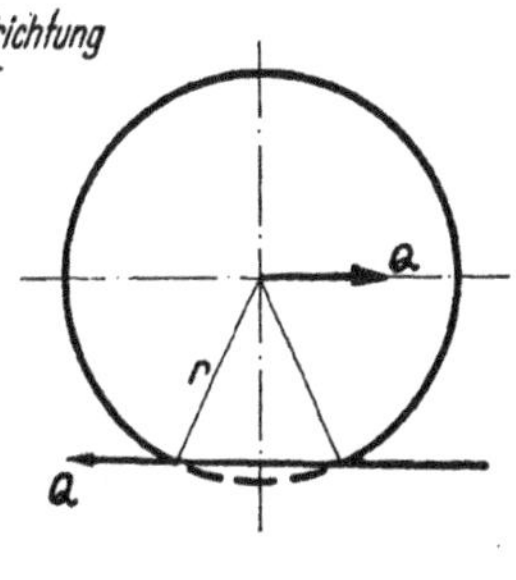

Bild 25. Moment der Kraft Q.

Nach kurzen Zwischenrechnungen ergibt sich mit Beachtung von Gl. (58), (59), (65) und (66)

$$\boxed{Q = \bar{\sigma}\,(l_1 + l_2)\left(h + \frac{1}{k}\right)} \quad \ldots\ldots \quad (72)$$

worin mit l_1 bzw. l_2 die Verschiebungen der vorderen Punkte der linken bzw. rechten Latschspur (in Laufrichtung gesehen) bezeichnet sind.

Für ein in der Kurve rollendes Rad ist zufolge Gl. (64)

$$\frac{d\,(l_1 + l_2)}{d\,s} + k\,(l_1 + l_2) = 0.$$

Daraus folgt

$$l_1 + l_2 = A \cdot e^{-k\,s}.$$

Meistens wird, wenn das Rad bei ungezwungener Anfangslage die Bewegung beginnt, $A = 0$ sein. Ist dies nicht der Fall, so ist jedenfalls für genügend großes s die Funktion e^{-ks} gleich Null. Somit ergibt sich für ein, auf einer beliebigen Kurve rollendes Rad

$$\boxed{Q = 0} \quad \ldots\ldots\ldots\ldots \quad (73)$$

d) Elastisches Moment M_ζ infolge seitlicher Auslenkung ζ.

Die Verformungen ζ bewirken auch ein Moment, das mit den Bezeichnungen auf Bild 23 folgende Gestalt besitzt:

$$M_\zeta = \int (h - \xi)\, d\,P = \int_{-\infty}^{+\infty} \sigma\,\zeta\,(h - \xi)\, d\,\xi \quad \ldots \quad (74)$$

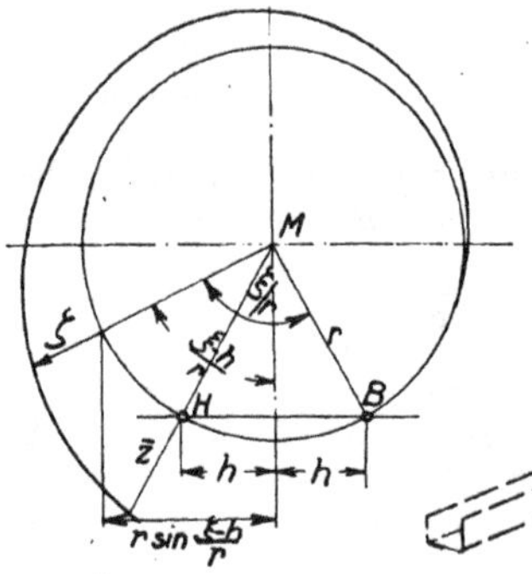

Bild 26. Zur Herleitung des Korrekturfaktors ϱ.

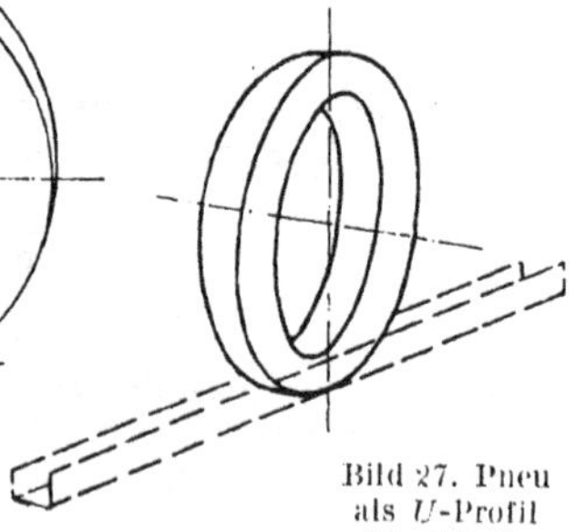

Bild 27. Pneu als U-Profil idealisiert.

Mit Verwendung der Gl. (25, (26) ergibt sich

$$M_\zeta = \sigma \int_0^{2h} \zeta\,(h - \xi)\, d\,\xi + \sigma\,\frac{\left(h + \frac{1}{c}\right)(z - \bar{z})}{c} \quad \ldots \quad (75)$$

Diese Formel muß allerdings noch eine Korrektur erfahren, da die von den Gebieten I und III herrührenden Kräfte nicht, wie gerechnet, an den durch die Abwicklung entstehenden Hebelarmen $h - \xi$, sondern in Wirklichkeit am Radumfang, d. h. an Hebelarmen $r \cdot \sin \frac{\xi - h}{r}$ angreifen (Bild 26). Die Ausdehnung der Gebiete I und III ins Unendliche kann auch hierbei erhalten werden, weil dadurch, wie schon früher gesagt, nur ein geringfügiger Fehler begangen wird. Wir berechnen die anzubringende Korrektur für Gebiet III ausführlich; entsprechendes gilt dann für das Gebiet I.

Das tatsächlich auftretende Moment im Gebiet III beträgt

$$M_{III} = \sigma \int_{2h}^{\infty} \zeta \cdot r \sin \frac{\xi - h}{r}\, d\,\xi,$$

worin nach Gl. (26)

$$\zeta = \bar{z}\, e^{-c\,(\xi - 2h)}$$

zu setzen ist. Es ergibt sich nach kurzen Zwischenrechnungen:

$$M_{III} = \frac{\bar{z} \cdot r \cdot \sigma}{c^2 + \frac{1}{r^2}} \left(c \sin \frac{h}{r} + \frac{1}{r} \cos \frac{h}{r}\right).$$

Nun ist h eine gegen r kleine Größe, so daß

$$\sin \frac{h}{r} = \frac{h}{r}; \qquad \cos \frac{h}{r} = 1$$

gesetzt werden kann; damit folgt

$$M_{III} = \frac{\sigma \cdot \bar{z}\left(h + \frac{1}{c}\right)}{c} \cdot \frac{r^2 c^2}{1 + r^2 c^2} \quad \ldots \quad (76)$$

Der Korrekturfaktor beträgt daher, wie man durch Vergleich des von $\bar{z}$ herrührenden Teiles in (75) mit (76) erkennt

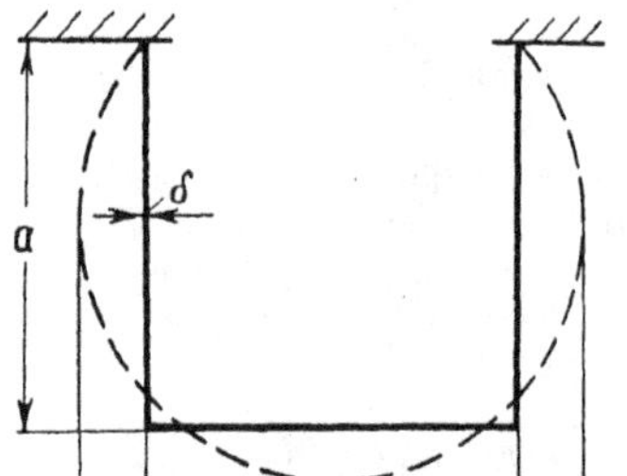

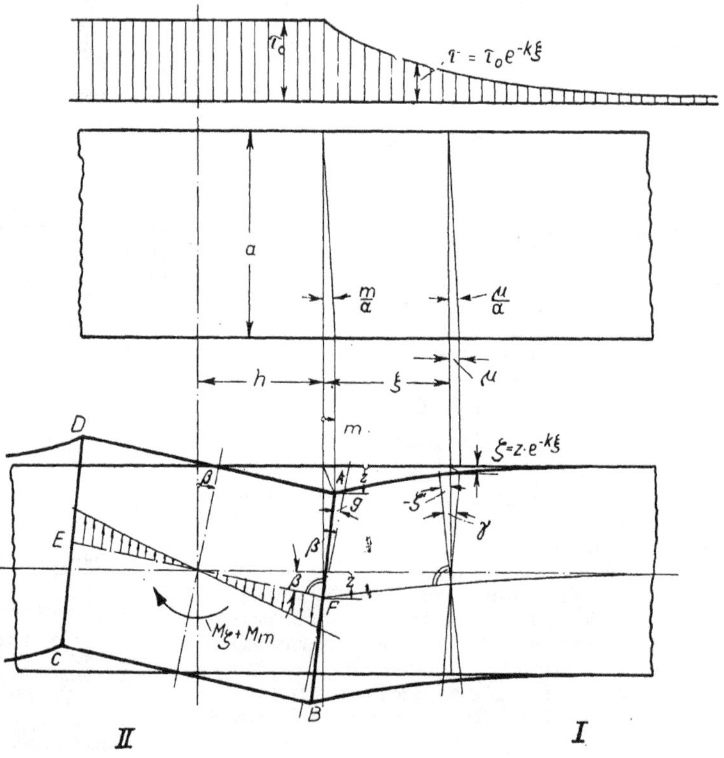

Bild 28. Verformung des Latsches und der Außengebiete.

$$\varrho = \frac{r^2 c^2}{1 + r^2 c^2} \quad \ldots\ldots\ldots \quad (77)$$

Damit ist an Stelle des in (75) berechneten Momentes das verbesserte zu verwenden, welches wir ebenfalls mit M_ζ bezeichnen wollen

$$\boxed{M_\zeta = \sigma \int_0^{2h} \zeta\,(h - \xi)\,d\,\xi + \varrho\,\frac{\left(h + \frac{1}{c}\right)(z - \bar{z})}{c}} \quad \ldots \quad (78)$$

Vgl. auch die vereinfachte Gl. (97).

e) Elastisches Moment M_m infolge seitlicher Auslenkung und der ihr folgenden Längsverformung μ.

Durch die Biegesteifigkeit des Pneus ist die Auslenkung ζ stets mit einer Deformation μ in Umfangsrichtung verbunden, die auch einen Beitrag zum Moment liefert. Um die Vorgänge klarer erfassen zu können, denken wir uns das Pneuprofil quadratisch und den Pneu auf eine Gerade abgewickelt. Wir erhalten somit eine Art Rahmen- oder Kastenprofil, das sich nach beiden Richtungen ins Unendliche ausdehnt. Vgl. Bild 27 und 28.

Den Latsch beschränken wir wieder auf seine Mittellinie. Die Endpunkte der Auslenkungen z und $\bar{z}$ denken wir uns durch eine gerade Linie verbunden, was mit guter Näherung gemacht werden kann, da das Moment zum größten Teil von den Randgebieten und nur wenig vom Latsch selbst herrührt. Die Randgebiete werden jedoch von dieser Annahme nicht berührt.

Das Auffinden des Momentes M_m beschränkt sich jetzt auf die Berechnung eines sich beiderseits ins Unendliche erstreckenden Kastenprofiles, das an 2 Kanten gelagert ist und an dem in der Mitte ein Moment in Form einer kontinuierlichen Belastung auf der Linie $2h$ wirkt (Bild 28). ξ wird hier ausnahmsweise positiv nach rechts gerechnet. Der allgemeine Fall beliebiger Verschiebungen z und $\bar{z}$ kann stets auf denjenigen gleicher und entgegengesetzt gleicher Größen reduziert werden, wobei für das Moment nur letztere von Bedeutung sind. Es werde bezeichnet

$$Z = \frac{z - \bar{z}}{2}, \quad \ldots\ldots\ldots \quad (79)$$

wobei aus geometrischen Gründen (Bild 28)

$$Z = h \cdot \beta \quad \ldots\ldots\ldots\ldots \quad (80)$$

Die Aufgabenstellung ist also folgende: An dem in Bild 28 gezeichneten Kastenprofil greifen an der Linie $\overline{EF}$ eine dreieckförmig verteilte Last an, die ein Moment $M_\zeta + M_m$ hervorruft. Die Winkeländerung der Linie gegenüber der unbelasteten Lage sei β. Wir unterscheiden wieder das Gebiet I und III, wo die Deformationen und Spannungen nach einer e-Funktion abklingen und das Gebiet II, die Platte $ABCD$ (Mittelplatte).

Wäre die Mittelplatte starr, so würde sie auch bei Belastung rechtwinklig bleiben und die Verschiebung in Längsrichtung des Punktes A wäre

$$m = \frac{1}{2}\,a \cdot \beta \quad \ldots\ldots\ldots\ldots \quad (81)$$

was den einen Grenzfall darstellt.

Hat sie dieselbe Steifigkeit wie die umliegenden Partien (wir denken uns das ganze Profil von gleicher Wandstärke), so nimmt m einen kleineren Wert an, der sich aus dem Minimum der Formänderungsarbeit ableiten läßt. Es sei dann

$$m = \chi_{\min} \cdot a \cdot \beta \quad \ldots\ldots\ldots \quad (82)$$

Da der Latsch in Wirklichkeit keine Linie, sondern eine Fläche ist, so wird sich ein m zwischen diesen Grenzwerten einstellen. Es ist also

$$\chi_{\min} < \chi < \frac{1}{2} \quad \ldots\ldots\ldots \quad (83)$$

und allgemein

$$m = \chi \cdot a \cdot \beta \quad \ldots\ldots\ldots \quad (84)$$

Das durch die Auslenkungen ζ hervorgerufene Moment ist bereits in (78) abgeleitet worden. Mit Annahme einer geraden Latschlinie ergibt sich aus Gl. (78) mit Beachtung von Gl. (79) und (80)

$$M_\zeta = 2\,\beta \cdot \sigma\,h \left[\frac{1}{c}\left(h + \frac{1}{c}\right) + \frac{1}{3}\,h^2\right] \quad \ldots \quad (85)$$

Das Moment M_m wird wie auch M_ζ von den Gebieten I, II und III geliefert.

Beitrag von Gebiet II:

$$M_{m\,\mathrm{II}} = 2 \cdot \tau_0 \cdot \delta\,2\,h \cdot a,$$

worin τ_0 die konstante Schubspannung im Gebiet II bedeutet.

Mit Einführung des Gleitmoduls G ist

$$\tau_0 = \frac{m}{a} \cdot G, \quad \ldots\ldots\ldots\ldots \quad (86)$$

worin $\frac{m}{a}$ der Verschiebungswinkel der Seitenwände ist (Bild 28). Mit Gl. (84) ist

$$\tau_0 = \chi \cdot \beta \cdot G,$$

somit

$$M_{m\,\mathrm{II}} = 2\,\chi\,\beta \cdot G \cdot \delta\,2\,h \cdot a.$$

Beitrag von Gebiet I und III:

$$M_{m\,\mathrm{I+III}} = 2 \cdot 2 \cdot \int_0^\infty \tau \cdot \delta \cdot a \cdot d\,\xi$$

und mit $\tau = \tau_0 \cdot e^{-k\xi}$

$$M_{m\,\mathrm{I+III}} = 2 \cdot 2\,\chi\,\beta \cdot G \cdot \delta \cdot \frac{1}{k} \cdot a,$$

somit ist

$$M_m = 4\,\chi\,\beta \cdot G\,\delta\,a\left(h + \frac{1}{k}\right) \quad \ldots\ldots \quad (87)$$

Aus Ansätzen der Formänderungsarbeit, die hier weggelassen werden, ergibt sich

$$\chi_{\min} = \frac{2\,h\,k}{(k + c)\left[3\left(2\,h + \frac{1}{k}\right) + \frac{E}{G}\,a^2\,k\left(\frac{1}{2} + \frac{1}{3}\,h\,k\right)\right]} \quad (88)$$

E ist der Elastizitätsmodul, der dadurch hereinkommt, daß man nicht nur die Arbeit der Schubverformung, sondern auch die der Normalverformung betrachten muß. Mit der aus Versuchen gefundenen Werten c und k ergibt sich bei $\frac{E}{G} = \frac{1}{4}$

$$\chi_{\min} = 0{,}06.$$

χ liegt also zwischen 0,06 und 0,5. Der aus Versuchen gewonnene Wert beträgt

$$\chi = 0{,}186.$$

In Gl. (87) ist noch $G \cdot \delta$ enthalten, das durch die Elastizitätskonstante σ ersetzt werden muß. Zu diesem Zwecke nehmen wir eine Parallelverschiebung der Platte $ABCD$ (Bild 28) in Längsrichtung um das Stückchen m vor. Die dabei entstandene Kraft Q hat dann die Größe

$$Q = 2\,\tau_0 \cdot \delta \cdot 2\left(h + \frac{1}{k}\right),$$

wobei wieder $\frac{1}{k}$ die durch Integrieren der Seitengebiete gewonnene fiktive Länge, auf der eine konstante Spannung τ_0 herrscht, bedeutet (Bild 29).

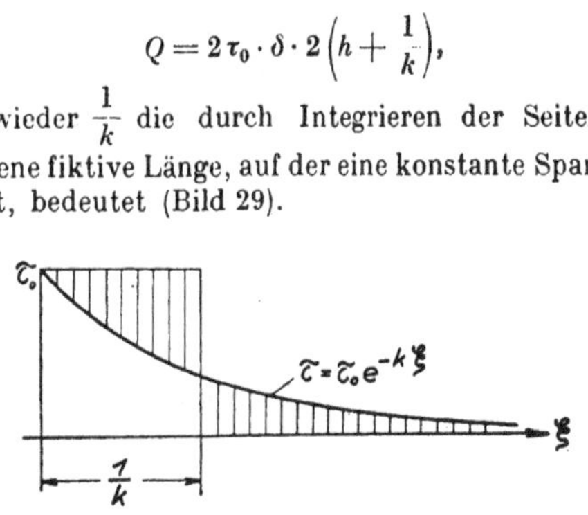

Bild 29. Schraffierte Flächen sind gleich groß.

Mit Gl. (86) wird

$$Q = 4\,\frac{m}{a}\cdot G\cdot\delta\left(h+\frac{1}{k}\right).$$

Aus Vergleich mit Gl. (72), wobei zu beachten ist, daß bei einer Parallelverschiebung $m = l = \frac{l_1 + l_2}{2}$, ergibt sich

$$\frac{2\,G\,\delta}{a} = \bar\sigma \quad \ldots\ldots\ldots\ldots (89)$$

Damit geht Gl. (87) über in

$$M_m = 2\,\chi\,\bar\sigma\cdot\beta\,a^2\left(h+\frac{1}{k}\right).$$

Gehen wir wieder vom geraden Profil auf das bepneute Rad über, so ist die bereits bei (78) angewandte Korrektur auch hier vorzunehmen, wobei der Faktor jetzt lautet

$$\bar\varrho = \frac{r^2 k^2}{1 + r^2 k^2} \quad \ldots\ldots\ldots (90)$$

Damit ergibt sich das Moment mit Verwendung von (79) und (80) zu

$$\boxed{M_m = \bar\sigma\,\frac{z-\bar z}{h}\,\chi\cdot a^2\left(h+\frac{1}{k}\right)\bar\varrho} \quad \ldots\ldots (91)$$

f) Elastisches Moment M_l infolge Verformung λ in Umfangsrichtung.

Zu M_ζ und M_m, die im vorigen Abschnitt behandelt wurden, tritt noch ein dritter Momentenanteil hinzu, der aus der Verschiebung l in Latschumfangsrichtung entsteht (vgl. Abschnitt IIIb und IVc).

Für die Ermittlung von M_l denken wir uns die Momente in folgender Weise überlagert: erst werde eine Verschiebung z und $\bar z = -z$ vorgenommen, wobei M_ζ und M_m entstehen [s. Gl. (78) und (91)]. Dann führen wir eine Verschiebung l_1 und $l_2 = -l_1$ aus, wobei das Moment-M_l entsteht. Da eine zusätzliche Verschiebung in z-Richtung nicht mehr auftreten kann, denn z ist durch die feste Lage der Felge zum Boden gegeben, so kann nur eine Änderung von m auftreten (Bild 29). Dadurch entsteht ein in seiner Form dem M_m ähnliches Moment, das statt χ eine neue Konstante besitzt, die wir mit $\bar\chi$ bezeichnen wollen.

Statt z und $\bar z$ tritt jetzt $\frac{1}{2}(l_1 + \bar l_1)$ und $\frac{1}{2}(l_2 + \bar l_2)$, wobei wir annehmen, daß Gebiet I von l_1 und l_2, Gebiet III von $\bar l_1$ und $\bar l_2$ und das Mittelgebiet II halb und halb von beiden beeinflußt wird. An Stelle von $2h$ erscheint jetzt $2b$.

Wir setzen also analog zu Gl. (91):

$$M_l = -\bar\sigma\,\frac{l_1 + \bar l_1 - l_2 - \bar l_2}{2\cdot b}\,\bar\chi\,a^2\left(h+\frac{1}{k}\right)\bar\varrho \quad \ldots (92)$$

Darin ist wegen (66)

$$\frac{\bar l_1 - \bar l_2}{2b} = \frac{l_1(s-2h) - l^2(s-2h)}{2b} + \int\limits_{s-2h}^{s}\frac{ds}{R}\,[4]$$

einzuführen. Wird

$$\vartheta(s) = \frac{l_1 - l_2}{2b} \quad \ldots\ldots\ldots (93)$$

gesetzt, so ist

$$\boxed{M_l = -\left[\vartheta(s) + \vartheta(s-2h) + \int\limits_{s-2h}^{s}\frac{ds}{R}\right]\cdot\bar\sigma\,\bar\chi\,a^2\left(h+\frac{1}{k}\right)\bar\varrho} \quad (94)$$

Für ϑ gilt nach (64) die Differentialgleichung

$$\boxed{\frac{d\vartheta}{ds} + k\,\vartheta = \frac{1}{R}} \quad \ldots\ldots\ldots (95)$$

(Der Wert $\bar\chi$ läßt sich aus Versuchen ermitteln.)

[4]) Zu lesen l von $s - 2h$.

g) Vereinfachung durch Annahme einer geraden Latschkurve.

Ist die Latschlänge klein gegenüber dem Bahnkrümmungsradius, was meistens der Fall sein wird, so können wir näherungsweise die Latschkurve als Gerade annehmen, d. h. für ζ die vereinfachte Beziehung

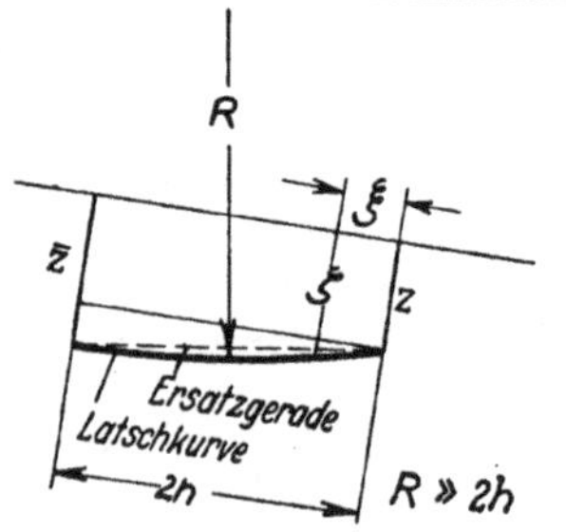

Bild 30. Ersetzung der Latschkurve durch eine Gerade.

$$\zeta \approx z + (\bar z - z)\,\frac{\xi}{2h}$$

ansetzen (Bild 30).

Gl. (70) und (78) gehen damit über in

$$\boxed{P = \sigma(z + \bar z)\left(h+\frac{1}{c}\right)} \quad \ldots\ldots\ldots (96)$$

$$\boxed{M_\zeta = \sigma(z - \bar z)\left[\frac{h^2}{3} + \frac{\varrho}{c}\left(h+\frac{1}{c}\right)\right]} \quad \ldots\ldots (97)$$

Da der durch den Latsch beigetragene Momentenanteil $\sigma(z-\bar z)\,\frac{h^2}{3}$ gegenüber demjenigen der Seitengebiete $\sigma(z-\bar z)\,\frac{\varrho}{c}\left(h+\frac{1}{c}\right)$ wegen $h^2 \ll \left(\frac{1}{c}\right)^2$ nur klein ist, so ist der durch die Vereinfachung begangene Fehler beim Moment erst recht klein.

Mit der Abkürzung

$$\boxed{U_1 \equiv \sigma\left(h+\frac{1}{c}\right)} \quad \ldots\ldots\ldots (98)$$

ergibt sich

$$\boxed{P = U_1(z + \bar z)} \quad \ldots\ldots\ldots (99)$$

Wird ferner

$$\boxed{M_z \equiv M_\zeta + M_m} \quad \ldots\ldots\ldots (100)$$

und

$$\boxed{U_2 \equiv \sigma\left[\frac{h^2}{3} + \frac{\varrho}{c}\left(h+\frac{1}{c}\right)\right] + \bar\sigma\,\chi\,\frac{a^2}{h}\left(h+\frac{1}{k}\right)\bar\varrho} \quad (101)$$

gesetzt, so folgt

$$\boxed{M_z = U_2(z - \bar z)} \quad \ldots\ldots\ldots (102)$$

Nach Gl. (94) ist mit der Abkürzung

$$\boxed{U_3 \equiv +\bar\sigma\,\bar\chi\,a^2\left(h+\frac{1}{k}\right)\bar\varrho} \quad \ldots\ldots\ldots (104)$$

das Moment

$$\boxed{M_l = -U_3\left[\vartheta(s) + \vartheta(s-2h) + \int\limits_{s-2h}^{s}\frac{ds}{R}\right]} \quad \ldots (105)$$

wobei ϑ nach Gl. (95) zu bestimmen ist.

Entsprechend der Beziehung $C = \frac{1}{c}$ [Gl. (6)] soll die Konstante

$$K = \frac{1}{k} \quad \ldots\ldots\ldots\ldots (106)$$

eingeführt werden.

h) Anwendung auf einfache Bewegungsfälle.

1. Schieben des Rades unter konstantem Winkel φ.

Es können die in Abschnitt III f 1 gewonnenen Ergebnisse verwendet werden, wobei wir uns nur auf die ∞ weit fortgeschrittene Bewegung (also auf $s = \infty$) beschränken wollen. Der Latsch wird daselbst zu einer Geraden (s. Bild 12) und nach Gl. (36), (37) und (38) war

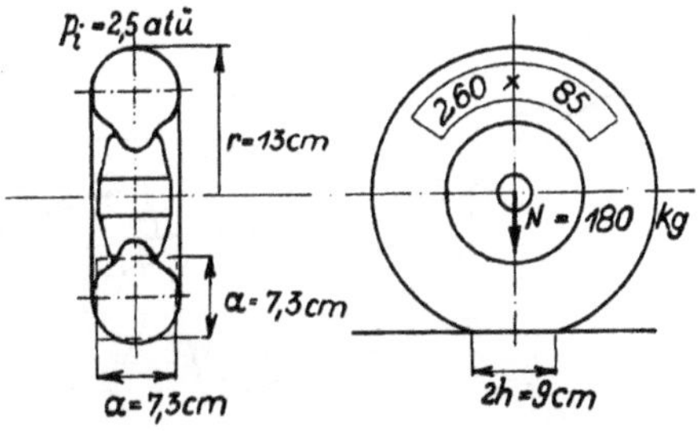

Bild 31. Versuchsrad.

$$\zeta_\infty = \frac{\varphi}{c}(1 + c\,\xi)$$

$$z_\infty = \frac{\varphi}{c}$$

$$\bar z_\infty = \frac{\varphi}{c}(1 + 2\,c\,h).$$

Werden diese Werte in Gl. (70) eingesetzt, so erhält man

$$\left.\begin{aligned} P_\infty &= 2\,\sigma\,\varphi\left(\frac{1}{c} + h\right)^2 \\ &= 2\,U_1\,\varphi\,(C + h) \end{aligned}\right\} \quad \ldots\ldots (107)$$

Nach Gl. (73) ist

$$Q = 0 \quad \ldots\ldots\ldots\ldots (108)$$

Mit Gl. (78) und (91) erhalten wir

$$M_{\zeta_\infty} = -2\,\sigma\,\varphi\,\frac{h}{c}\left[\frac{1}{3}\,c\,h^2 + \varphi\left(h + \frac{1}{c}\right)\right] \quad \ldots (109)$$

$$M_{m_\infty} = -2\,\bar\sigma\,\varphi\,\chi\,a^2\left(h + \frac{1}{k}\right)\bar\varrho \quad \ldots\ldots (110)$$

also nach (100) und (101)

$$M_z = -2\,U_2\,h\,\varphi.$$

Da $R_\infty = \infty$, so folgt nach Gl. (95)

$$\vartheta_\infty = 0,$$

somit nach Gl. (94)

$$M_l = 0 \quad \ldots\ldots\ldots\ldots (111)$$

Zahlenbeispiel.

Folgende Werte sind an einem Versuchsrad (Bild 31) ermittelt worden (vgl. Abschnitt Versuche):

$c = 0{,}1$ cm^{-1}, d. h. $C = 10$ cm,
$k = 0{,}15$ cm^{-1}, d. h. $K = 6{,}67$ cm,
$\sigma = 1{,}55$ $\mathrm{kg/cm^{-2}}$,
$\bar\sigma = 8{,}5$ $\mathrm{kg/cm^{-2}}$,
$\chi = 0{,}186$
$\bar\chi = 0{,}0237$

Damit ergibt sich bei einem $\sphericalangle\ \varphi = 1^0$

$\varrho = 0{,}628$; $\bar\varrho = 0{,}792$,
$U_1 = 22{,}5$ kg/cm, $U_2 = 151 + 166 = 317$ kg, $U_3 = 95$ cmkg,
$P_\infty = 11{,}4$ kg,
$M_\infty = M_{\zeta_\infty} + M_{m_\infty} + M_{l_\infty} = -23{,}7 - 26{,}0 + 0$
$= -49{,}7$ cmkg.

2. Rollen auf einer Kreisbahn.

Mit Gl. (43) ist

$$\bar z_\infty = z_\infty = -\frac{h}{c \cdot R},$$

$$\zeta = -\frac{h}{R\,c} - \frac{h}{R}\,\xi + \frac{1}{2\,R}\,\xi^2.$$

Dies in Gl. (70) eingesetzt ergibt

$$P_\infty = -2\,\sigma\,\frac{h}{R}\left(\frac{1}{c^2} + \frac{h}{c} + \frac{1}{3}\,h^2\right) \quad \ldots (112)$$

oder nach der Näherungsformel (99)

$$P_\infty = -2\,U_1\,\frac{C\,h}{R}.$$

Ferner ist nach (73)

$$Q = 0 \quad \ldots\ldots\ldots\ldots\ldots (113)$$

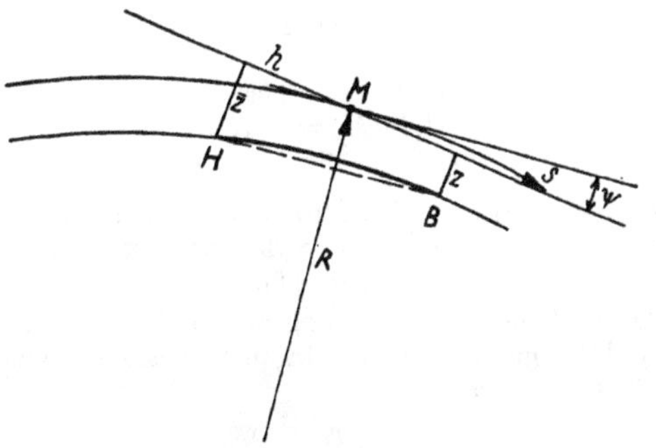

Bild 32. Rollen auf einer Kreisbahn bei Wirkung einer Zentrifugalkraft. Es tritt gleichzeitig Schieben auf.

Aus Bild 15 ist ersichtlich, daß infolge der symmetrischen Auslenkung des Latsches ein Moment nicht auftreten kann. Also

$$M_\zeta = M_m = 0$$

mit Gl. (95) ist

$$\vartheta = \frac{1}{k \cdot R}$$

und damit nach Gl. (94) und

$$\left.\begin{aligned} M_{l_\infty} &= -\frac{2}{R}\left(\frac{1}{k} + h\right)^2 \bar\sigma \cdot \bar\chi \cdot a^2\,\bar\varrho \\ &= -U_3\,\frac{2}{R}\,(K + h) \end{aligned}\right\} \quad \ldots (114)$$

Mit den Zahlenwerten aus 1) ist bei einem Kreisbahnradius $R = 100$ cm

$$P_\infty = -21{,}2\ \mathrm{kg}$$

bzw. nach der Näherungsformel

$$P_\infty = -20{,}3\ \mathrm{kg}$$

(Abweichung vom exakten Wert beträgt nur 4%),

$$M_{l_\infty} = -21{,}3\ \mathrm{cmkg}.$$

Kreisbahn mit Wirkung einer Zentripetalkraft.

Hat der Pneu, wie z. B. beim Kurvenfahren eines Kraftwagens, eine gegebene Zentripetalkraft aufzunehmen, so ist eine konstante Schrägstellung ψ der Radebene gegen die Kreisbahntangente erforderlich. Die Bewegungsgleichung des vorderen Latschpunktes B, vgl. Bild 32,

$$\frac{d\,z}{d\,s} + c \cdot z = \psi - \frac{h}{R} - h\,\frac{d\,\psi}{d\,s}$$

hat für

$$\psi = \text{konst.}$$

das Integral

$$z = \frac{\psi}{c} - \frac{h}{c \cdot R} = C\,\psi - \frac{C\,h}{R}.$$

Damit ergibt sich die Auslenkung des hinteren Latschpunktes zu

$$\bar z = z + 2\,h\,\psi = \psi\,(C + 2\,h) - \frac{C\,h}{R}.$$

Die vom Erdboden auf den Pneu wirkende Zentripetalkraft ist somit

$$P = U_1 \cdot (z + \bar z) = 2\,U_1 \cdot \left[\psi \cdot (C + h) - \frac{C\,h}{R}\right].$$

Dies stellt eine Gleichung für den erforderlichen Schiebewinkel ψ dar, es ist

$$\psi = \left(\frac{P}{2\,U_1} + \frac{C\,h}{R}\right) \cdot \frac{1}{C + h}.$$

Außerdem entsteht noch ein vom Erdboden auf den Pneu wirkendes Moment

$$M = M_z + M_l = -U_2 \cdot 2\,h\,\psi - \frac{2\,U_3}{R} \cdot (K + h).$$

Diesem ist durch ein äußeres Steuerungsmoment das Gleichgewicht zu halten.

Zahlenbeispiel: Für ein Rad mit dem in 1) angegebenen Zahlenwerten errechnet sich bei einer wirkenden

Zentripetalkraft von $P = 30$ kg und einem Kurvenradius von $R = 1000$ cm:

$$\psi = 0{,}0463^{\frown} = 2{,}65^0,$$
$$M = M_z + M_l = -132{,}0 - 2{,}1$$
$$= -134{,}1 \text{ cmkg}.$$

3. Das an einem Hebelarm q angebrachte Rad führe eine harmonische Schwingung aus (Bild 17 und 18).

Das Rad führe eine erzwungene Schwingung aus, wobei der in III e gebrauchte Ansatz auch hier seine Gültigkeit beibehält. Er lautete:

$$\varphi = \varphi_0 \cos \alpha s.$$

Da $x = q \cdot \varphi$, so ist

$$x = q \cdot \varphi_0 \cdot \cos \alpha s.$$

Nach Gl. (45) ergab sich

$$y = \varphi_0 \frac{1 + c(h+q)}{c^2 + \alpha^2} [c \cdot \cos \alpha s + \alpha \sin \alpha s] \quad . \quad . \quad (115)$$

Nach Gl. (15) ist

$$\bar{y} = \varphi_0 \frac{1 + c(h+q)}{c^2 + \alpha^2} [c \cdot \cos \alpha (s - 2h) + \alpha \cdot \sin \alpha (s - 2h)] \quad . \quad . \quad . \quad . \quad . \quad (116)$$

und mit Gl. (11) und (18)

$$z = y - x - h\varphi$$
$$\bar{z} = \bar{y} - x + h\varphi.$$

Daraus folgt

$$z + \bar{z} = y + \bar{y} - 2x$$
$$z - \bar{z} = y - \bar{y} - 2h\varphi.$$

Somit ergibt sich mit Anwendung von Gl. (99)

$$P = U_1 \cdot \varphi_0 \left\{ \frac{1 + c(h+q)}{c^2 + \alpha^2} [c(\cos \alpha s + \cos \alpha (s - 2h))] + \right.$$
$$\left. + \alpha (\sin \alpha s + \sin \alpha (s - 2h))] - 2q \cos \alpha s \right\} \quad . \quad . \quad . \quad (117)$$

und mit Gl. (102)

$$M_z = U_2 \cdot \varphi_0 \left\{ \frac{1 + c(h+q)}{c^2 + \alpha^2} [c(\cos \alpha s - \cos \alpha (s - 2h)) + \right.$$
$$\left. + \alpha (\sin \alpha s - \sin \alpha (s - 2h))] - 2h \cos \alpha s \right\} \quad . \quad . \quad (118)$$

Der Krümmungsradius R der Bahnkurve $x = \varphi_0 q \cos \alpha s$ ergibt sich, da es sich um eine flache Kurve handelt, aus

$$\frac{1}{R} = \frac{d^2 y}{d s^2} = -\varphi_0 q \alpha^2 \cos \alpha s.$$

Gl. (95) lautet somit

$$\frac{d\vartheta}{ds} + k\vartheta = -\varphi_0 q \alpha^2 \cos \alpha s.$$

Das Integral dieser Differentialgleichung lautet

$$\vartheta = -\frac{\varphi_0 q \alpha^2}{k^2 + \alpha^2} (k \cos \alpha s + \alpha \sin \alpha s).$$

Ferner ist

$$\int\limits_{s-2h}^{s} \frac{ds}{R} = -\varphi_0 q \alpha [\sin \alpha s - \sin \alpha (s - 2h)]$$

und damit nach Gl. (105)

$$M_l = U_3 \cdot \varphi_0 q \alpha \left[-\frac{\alpha}{k^2 + \alpha^2} (k \cos \alpha s + \alpha \sin \alpha s) \right.$$
$$+ \frac{\alpha}{k^2 + \alpha^2} (k \cos \alpha (s - 2h) + \alpha \sin \alpha (s - 2h))$$
$$\left. + \sin \alpha s - \sin \alpha (s - 2h) \right] \quad . \quad . \quad . \quad . \quad . \quad . \quad . \quad . \quad . \quad . \quad (119)$$

VI. Einiges über das Rutschen und dessen Auswirkungen.

In allen bisherigen Betrachtungen ist stets vollkommene Haftung des ganzen Latsches am Boden angenommen worden, was bei kleinen Schiebewinkeln, mit denen durchweg gerechnet wurde, und bei trockener, griffiger Bahn auch näherungsweise zutrifft. Doch selbst bei kleinsten Winkeln und höchst erreichbaren Reibungskoeffizienten tritt in den Randgebieten des Latsches und vor allem im hinteren Gebiet (zwischen M und H) ein Teilrutschen auf, welches mit wachsenden Winkeln und abnehmender Reibung zunimmt und auf den Prozeß des Schiebens und die damit zusammenhängenden Bewegungen schließlich eine merkliche Rolle spielt und daher in den Ableitungen und Gleichungen nicht mehr vernachlässigt werden darf. Auf das Rutschen im hinteren Latschbereich ist bereits in der Arbeit von Becker, Fromm, Maruhn hingewiesen und der Ausdruck »Haft- und Gleitgebiet« geprägt worden. Wie gesagt, ist die Ausdehnung des Gleitgebietes vom Schiebewinkel φ abhängig. Mathematisch läßt sich der Effekt schwer erfassen, doch kann man qualitativ über seine Auswirkung etwas aussagen: In Bild 33 ist der theoretische Latschverlauf eines schiebenden Rades dargestellt.

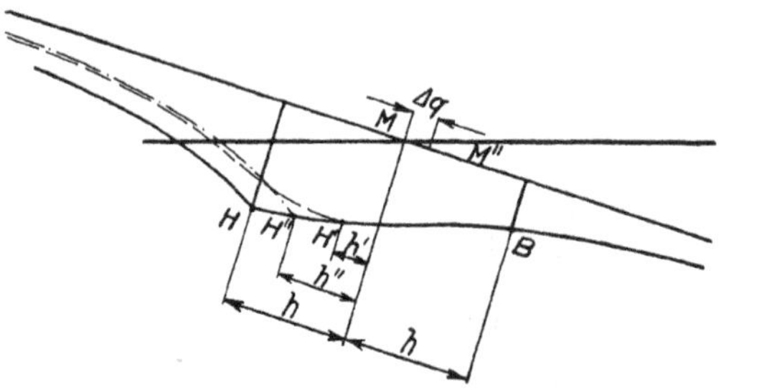

Bild 33. Verschiebung des hinteren Latschpunktes durch Rutschen.

Die theoretische Berührungslinie (ausgezogen) erstreckt sich von B bis H gleichmäßig um h nach beiden Seiten vom Radmittelpunkt M. In Wirklichkeit findet bei H' ein Abrutschen statt, so daß die Latschlinie und die Linie des hinteren freien Pneugebietes näher zur Felge verläuft (gestrichelt). Der Latsch erstreckt sich nicht mehr symmetrisch nach beiden Seiten, sondern ist hinten kürzer als vorn. Da die hinteren Auslenkungen dadurch ebenfalls kleiner geworden sind, werden auch die elastischen Kräfte geringer, so daß eine Verlagerung der resultierenden Kraft nach vorn stattfindet.

Man kann nun die tatsächliche Linie über H' (gestrichelt) durch eine idealisierte über H'' ersetzt denken (strichpunktiert), die so beschaffen ist, daß die Lage der resultierenden Kraft gegenüber der tatsächlichen unverändert bleibt. Der Latsch erstreckt sich jetzt von B bis H'' und hat vorn die Länge h und hinten h''. Wir führen einen fiktiven Mittelpunkt M'' ein, der zum tatsächlichen um Δq verschoben ist und in die Mitte zwischen B und H'' fällt. Da der Latsch jetzt die Länge $h + h''$ besitzt, ist die Mittelpunktsverschiebung

$$\Delta q = \frac{h - h''}{2}.$$

Bezieht man die Kraft P auf den neuen Punkt M'', so bleibt die ganze Rechnung ohne Veränderung bestehen. Allerdings ist jetzt zu beachten, daß die Verschiebung Δq einen fiktiven Zuwachs des Vorlaufs bedeutet. Besaß die Schwenkachse z. B. vom Radmittelpunkt einen Abstand q, so beträgt der Vorlauf jetzt

$$q'' = q + \Delta q.$$

Im Zuwachs des Vorlaufes wirkt sich also im wesentlichen das Rutschen des Latschhinterteils aus. Diese Erkenntnis, die zur Klärung verschiedener Tatsachen dient, läßt sich mathematisch nur sehr schwer behandeln, da Δq eine Funktion des Winkels darstellt, und die Gleichungen sich nur in den wenigsten Fällen integrieren lassen.

VII. Bestimmung der Werte $h, c, k, \sigma, \bar{\sigma}, \chi$ und $\bar{\chi}$.

a) Die zur Verfügung stehenden Versuche und die dafür angepaßten Gleichungen.

Die obengenannten Werte, die für die Berechnung notwendig sind, können aus einer Reihe von Versuchen gewonnen werden, die sich z. T. gegenseitig kontrollieren.

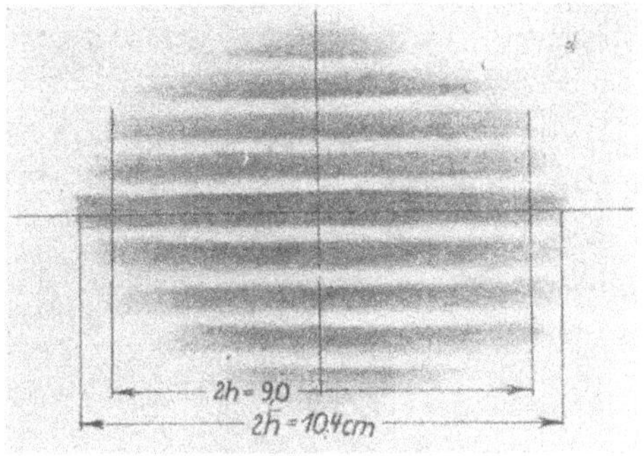

Bild 34. Latschabdruck.

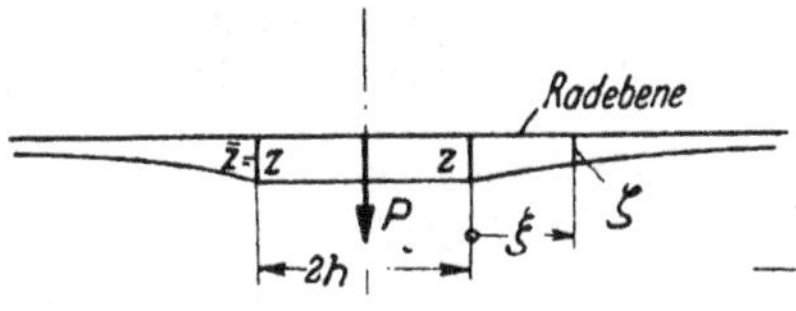

Bild 36. Kraftmessung durch Parallelverschiebung.

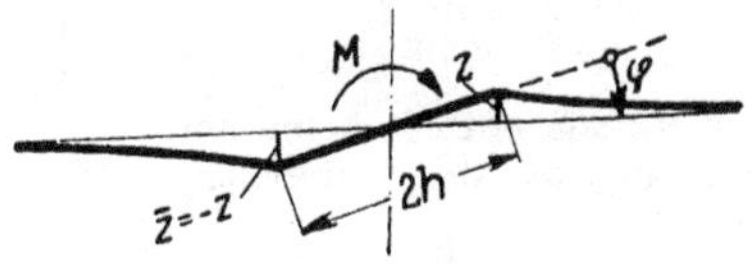

Bild 38. Momentenmessung bei Verdrehung.

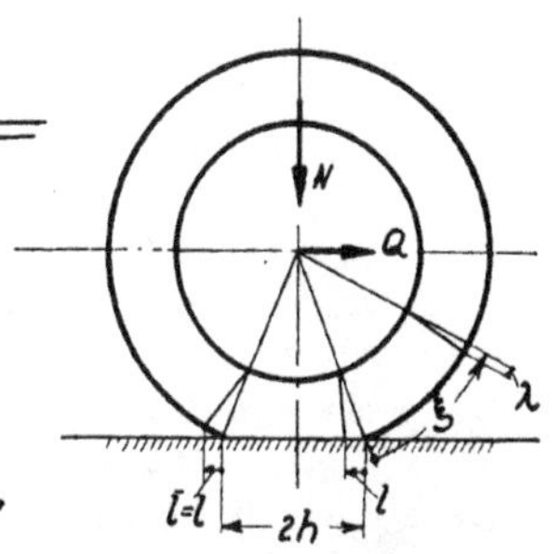

Bild 37. Messung der Kraft Q bei Verschieben in Umfangsrichtung.

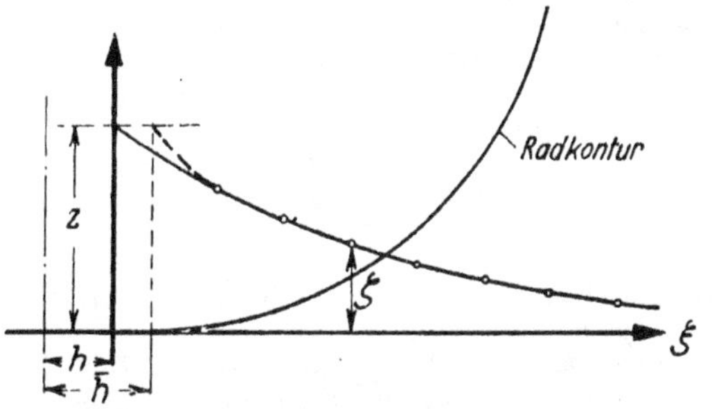

Bild 35. Zur Bestimmung der Latschlänge h.

1. Bestimmung von h.

Mit $2\,h$ wurde kurzweg die Latschlänge bezeichnet, was jedoch kein festliegender Begriff ist, da der Latsch in Wirklichkeit eine Elipsenform besitzt und das in die Formeln einzusetzende $2\,h$ sicher kleiner gewählt werden muß als die Länge der äußersten Latschbegrenzung $2\,\bar{h}$ (Bild 34). Es ist auch wahrscheinlich, daß dort, wo zwischen Latschkurve und der seitlichen Abklingfunktion theoretisch ein Knick vorhanden ist, die Länge h kleiner ist als da, wo beide Linien ohne Knick ineinander übergehen. Da bei kontinuierlicher Bewegung bei H ein Knick vorhanden ist, bei B dagegen nicht, so ist streng genommen hinten ein kleineres h einzusetzen als vorn. Das hintere h ist jedoch vom Rutschen und daher von der Absolutgröße des Ausschlages abhängig und müßte somit als Veränderliche eingeführt werden, was eine unerträgliche Verwicklung bringen würde. Es muß daher hiervon abgesehen werden und mit einem mittleren h gerechnet werden.

Die obere Grenze ist die äußere Latschbegrenzung (Bild 34), die untere geht aus folgender Überlegung hervor:

Wird der Versuch zur Bestimmung von $\zeta\,(\xi)$ in den Randgebieten durchgeführt (s. unter 3), so ergibt die Verbindungslinie der Meßpunkte mit ziemlicher Genauigkeit die in Gl. (25) angegebene e-Funktion (Bild 35).

Als einziger Punkt fällt der Anfangspunkt heraus, wollte man ihn bei $\bar{h}$ (gestrichelte Linie) eintragen. Nimmt man dagegen an, daß im Außengebiet des Latsches Rutschen aufgetreten ist und daß ein mehr zurückliegender Punkt erst fest am Boden haftet, so läßt sich die e-Linie zwanglos weiterführen. Dort, wo sie den gemessenen z-Wert schneidet, ist das h anzunehmen. Z. B. ergab sich aus dieser Messung das h zu etwa 3,4 cm. Aus direkter Messung der äußeren Begrenzung (Bild 34) ergibt sich $\bar{h}$ zu 5,2 cm.

Als Mittelwert nehmen wir an

$$h = 0{,}85\,\bar{h} \sim 4{,}5\,\text{cm} \quad \ldots\ldots\ldots \quad (120)$$

2. Parallelverschiebung des Rades.

Das Rad wird unter Belastung parallel zu sich selbst innerhalb der Rutschgrenze verschoben (Bild 36).

Daraus lassen sich c und σ bestimmen.

Aus Gl. (25) geht durch Logarithmieren hervor

$$\boxed{c = \frac{1}{\xi} \cdot \ln \frac{z}{\zeta}} \quad \ldots\ldots\ldots \quad (121)$$

Durch Messungen der Auslenkungen läßt sich aus den seitlichen Abklingkurven c und damit $C = \frac{1}{c}$ bestimmen. Nach Gl. (70) bzw. (96) ergibt sich mit $\bar{z} = z$

$$\boxed{\sigma = \frac{P}{2\,z\,(h + C)}} \quad \ldots\ldots\ldots \quad (122)$$

3. Verschiebung des Rades in seiner Ebene, Bild 37.

Das Rad wird unter Belastung N durch eine Seitenkraft Q um das Stückchen l verschoben, wobei es an der Drehung verhindert wird.

Nach Gl. (58) ist durch Logarithmieren

$$\boxed{k = \frac{1}{\xi} \ln \frac{l}{\lambda}} \quad \ldots\ldots\ldots \quad (123)$$

Nach Gl. (72) ist mit $l_2 = l_1$

$$\boxed{\bar{\sigma} = \frac{Q}{2\,l\,(h + K)}} \quad \ldots\ldots\ldots \quad (124)$$

4. Verdrehung des Rades.

Das Rad wird unter Belastung, also bei fest haftendem Pneu, aus seiner Ebene um den Winkel φ herausgedreht (Bild 38).

Hierbei tritt das Moment $M = M_{\bar{z}} + M_m + M_l$ auf, wobei nach Gl. (78) bzw. (97) mit $-\bar{z} = z = h \cdot \varphi$

$$M_{\bar{z}} = \sigma \cdot 2\,h\,\varphi \left[\frac{h^2}{3} + \varrho\,C\,(h + C)\right] \quad \ldots \quad (125)$$

nach Gl. (91)

$$M_m = \bar{\sigma} \cdot 2 \cdot \varphi \cdot \chi\,a^2\,(h + K)\,\bar{\varrho} \quad \ldots\ldots \quad (126)$$

und nach Gl. (92) mit $\bar{l}_2 = l_2 = -\bar{l}_1 = -l_1 = b \cdot \varphi$

$$M_l = 2\,\bar{\sigma} \cdot \varphi \cdot \bar{\chi}\,a^2\,(h + K)\,\bar{\varrho} \quad \ldots\ldots \quad (127)$$

Die Momente können nicht einzeln gemessen werden, daher muß man zur Ermittlung der noch unbekannten Größen χ und $\bar{\chi}$ einen weiteren Versuch zur Hilfe nehmen, und zwar den

5. Versuch am schiebenden Rad (vgl. Bild 12).

Das Rad wird unter einem kleinen Winkel φ zur Laufrichtung (s-Achse) fest eingestellt und unter Belastung in Richtung der s-Achse verschoben. Nach genügend langem Weg stellt sich die Asymptote

$$z_\infty = \varphi \cdot C$$

(vgl. Gl. (28)) ein. Daraus kann ebenfalls das $C = \frac{1}{c}$ bestimmt werden

$$\boxed{C = \frac{z_\infty}{\varphi}} \quad \ldots\ldots\ldots\ldots \quad (128)$$

(vgl. auch Bild 2).

Die dabei auftretende Seitenkraft P geht aus Gl. (107) hervor und daraus nach σ aufgelöst

$$\boxed{\sigma = \frac{P_\infty}{2\,\varphi\,(h + C)^2}} \quad \ldots\ldots\ldots \quad (129)$$

Die Gl. (128) und (129) können zur Kontrolle für die aus Gl. (121) und (122) gefundenen Werte c und σ benutzt werden.

Die beim Schieben auftretenden Momente sind bereits in Gl. (109), (110) und (111) berechnet worden.

M_ζ = dem in Gl. (125),
M_m = dem in Gl. (126),
$M_l = 0$.

Gemessen wird das gesamte Moment, also

$$M = M_z = M_\zeta + M_m.$$

Da M_ζ aus Gl. (125) bekannt ist (sie enthält keine unbekannten Größen mehr), so läßt sich aus der Differenz

$$M_m = M - M_\zeta$$

das M_m bestimmen und daraus das χ.

Das $\bar{\chi}$ gewinnt man wiederum aus der Differenz der Momente der beiden Messungen bei verdrehtem und geschobenem Rade. Bezeichnen wir das erstere mit dem Index 1, das zweite mit 2, so ist

$$M_l = M_1 - M_2, \quad \ldots\ldots\ldots \quad (130)$$

woraus sich dann das $\bar{\chi}$ bestimmen läßt, da $\bar{\sigma}$ und K bereits gefunden sind.

M_l läßt sich aber auch auf andere Weise direkt bestimmen, und zwar aus dem

6. Versuch am Rundlauf.

Der Rundlauf, der in VIIc im einzelnen beschrieben wird, ermöglicht das Rad auf einer Kreisbahn zu fahren, wobei das dabei auftretende Moment gemessen wird.

Aus Abschnitt $V\,h\,2$ ist bekannt, daß hierbei

$$M_z = M_m = 0;$$

es tritt somit nur M_l auf, das aus unmittelbarer Messung bestimmt werden kann.

Es beträgt nach Gl. (114)

$$M_l = -\frac{1}{R}(K+h)^2\,\bar{\varrho}\,\bar{\sigma}\,\bar{\chi}\cdot 2\,a^2 = -2\,U_3\cdot(h+K)\cdot\frac{1}{R}.$$

Dieser Versuch liefert also direkt Kontrollwerte für U_3 bzw. $\bar{\chi}$, die bisher nur aus Verbindung der Messungen für das Schieben und Verdrehen des Rades zu bestimmen waren. Zur Messung der auftretenden Kraft P war keine Vorrichtung vorgesehen.

7. Versuch am nachlaufendem Rad.

Der unter III f 5 behandelte Fall führte zu der Gl. (44), die die Rücklage $-q$ des Radmittelpunktes gegenüber der Schwenkachse angibt, bei der der Latsch stets auf der s-Achse läuft unabhängig vom Ausschlagwinkel φ. Diese Beziehung läßt eine versuchsmäßige Kontrolle von $C+h$ zu. Es ist entsprechend Gl. (44)

$$C + h = -q_{\psi-0}.$$

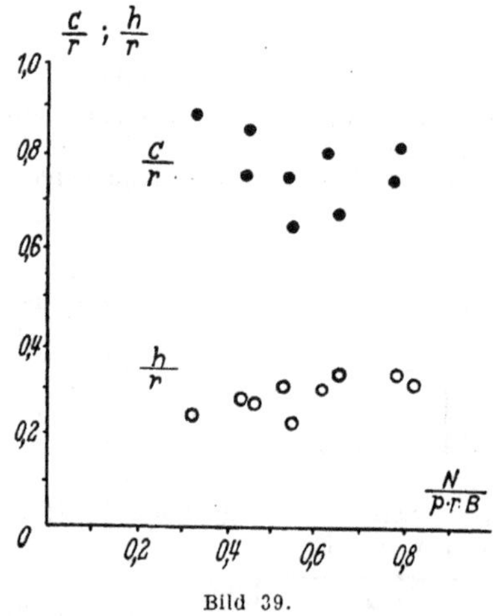

Bild 39.

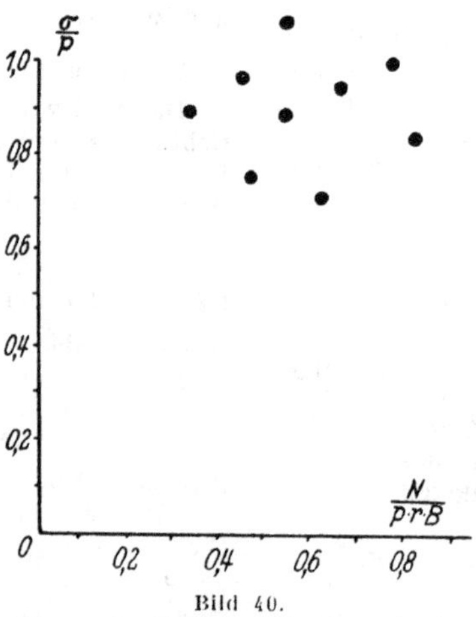

Bild 40.

Bild 39 und 40. Die Werte c, h und σ als Funktionen der Belastung, des Innendrucks und der Pneuabmessung.

b) Ähnlichkeitsbetrachtungen.

Die unabhängigen Parameter eines Rades sind im wesentlichen folgende

der Radhalbmesser	r	[cm]	(Bild 28)
der Pneudurchmesser	B	[cm]	(Bild 28)
die mittlere Wandstärke des Pneus	δ	[cm]	(Bild 28)

ferner

der Innenüberdruck	p	[atü]	
die Radbelastung (Normaldruck)	N	[kg]	

Die von ihnen abhängigen Variablen sind:

die Pneukonstante $\perp$ zur Radebene	C	[cm]	[Gl. (6)]
die Pneukonstante in Radebene	K	[cm]	
die Steifigkeit $\perp$ zur Radebene	σ	[kg/cm²]	[Gl. (68)]
die Steifigkeit in Radebene	$\bar{\sigma}$	[kg/cm²]	[Gl. (71)]
die statisch Unbestimmten	$\chi, \bar{\chi}$		[Gl. (88), (92)]
die Kantenlänge des Ersatzprofils	a	[cm]	(Bild 28)
die Latschlänge	$2h$	[cm]	(Bild 3)
der Abstand der gedachten 2 Pneuspuren	$2b$	[cm]	(Bild 20)

Durch eine Ähnlichkeitsbetrachtung läßt sich eine Reduktion der Parameter herbeiführen. Zunächst nehmen wir an, daß die Wandstärke δ immer proportional zu B ist, d. h.

$$\frac{\delta}{B} = \text{konst.} \quad \ldots\ldots\ldots \quad (131)$$

und daß auch die Konstruktion des Pneus, d. h. sein Profil, die Befestigung an der Felge, Art des Gewebes usw. für alle Radgrößen dieselben bleiben.

In einem konstanten Verhältnis stehen ebenfalls die Größen a und D, wobei ein für allemal festgelegt wird

$$a = 0{,}86\,B \quad \ldots\ldots\ldots \quad (132)$$

Die freien Parameter reduzieren wir auf 2 dimensionslose Werte

$$\frac{B}{r} \quad \text{und} \quad \frac{N}{p\cdot r\cdot B},$$

die für die Bestimmung der übrigen Größen ausreichen, wie durch Versuche auch bestätigt wurde.

Von den abhängigen Variablen lassen sich ebenfalls einige aufeinander zurückführen. So ist K proportional dem C, $\bar{\sigma}$ dem σ und b dem h, also

$$K = \varkappa_1\cdot C \quad \ldots\ldots\ldots \quad (133)$$

$$\bar{\sigma} = \varkappa_2\cdot\sigma \quad \ldots\ldots\ldots \quad (134)$$

$$b = \varkappa_3\cdot h \quad \ldots\ldots\ldots \quad (135)$$

In Bild 39 und 40 sind Meßwerte von $\frac{h}{r}$, $\frac{C}{r}$ bzw. $\frac{\sigma}{p}$ über den dimensionslosen Wert $\frac{N}{p\cdot r\cdot B}$ aufgetragen.

c) Versuchseinrichtungen.

1. Trommel (Bild 41, 42).

Die in der Theorie verwendeten Pneukonstanten wurden ermittelt an einer Spornrolle 260 × 85, Continental Ballon 3,00—4, deren Decke mit in Umfangsrichtung verlaufenden schmalen Rippen[5]) versehen ist, und zwar zunächst für den konstanten Innendruck von $p = 2{,}5$ atü und für die konstante Belastung $N = 180$ kg. Bild 41 zeigt eine Gesamtansicht der verwendeten Versuchseinrichtung. Das

[5]) Vgl. Latschabdruck Bild 34.

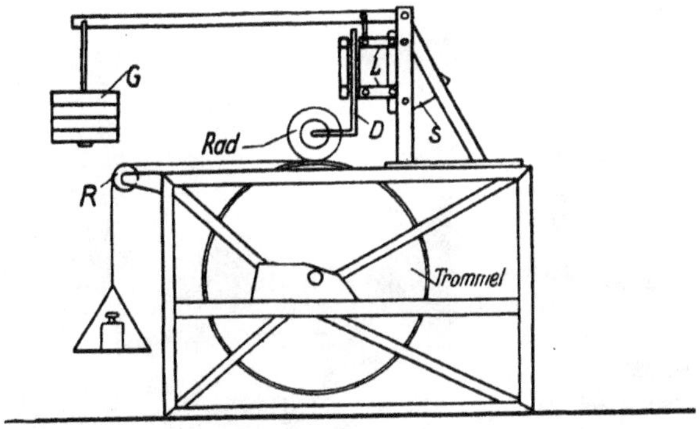

Bild 41. Gesamtansicht der Versuchseinrichtung.

Bild 42. Gesamtansicht der Versuchseinrichtung.

Rad läuft auf einer Trommel, die von Hand oder durch einen Elektromotor angetrieben wird. Die Trommel, deren Oberfläche zur Erreichung von hohen Reibungskoeffizienten mit Sandpapier beklebt ist, hat einen Durchmesser von 900 mm. Das Verhältnis der Durchmesser von Trommel und Rad mußte genügend groß gewählt werden, damit die Latschfläche, wie auf dem Erdboden, als ungefähr eben angesehen werden kann.

Die bei G hängenden Gewichte erzeugen durch Hebelübersetzung (1 : 3) die notwendige Belastung N des Rades. Entlastung erfolgt durch eine am anderen Ende des Hebels wirkende mit Hand zu betätigende Seilwinde.

Die Schwenkachse D der Radgabel wird in ihrer jeweilig gewählten Neigung zur Horizontalebene mit Hilfe der Parallelogrammlenkung L gehalten. Der Neigungswinkel selbst kann durch Auslenken der beiden feststellbaren Sektoren S, welche die rechten unteren Gelenke der Parallelogrammlenkung tragen, meßbar eingestellt werden.

Der Schwenkwinkel φ wird an einem am oberen Ende der Schwenkachse über eine Skala laufenden Zeiger abgelesen (Bild 48).

Der Hebelarm q, d. h. der Abstand der Schwenkachse von der Radachse, kann mit Hilfe der Schlitzgabel (Bild 43) zwischen den Grenzen 0 und etwa 15 cm beliebig eingestellt werden.

Um zu erreichen, daß die Berührungsebene zwischen Trommel und Rad immer horizontal liegt, d. h. daß die Latschmitte mit dem obersten Punkt der Trommel zusammenfällt, wie auch der Neigungswinkel der Schwenkachse und der Hebelarm gewählt sein mögen, kann der gesamte auf dem großen Rahmen montierte Aufbau nach links oder rechts verschoben werden.

Zur Bestimmung der für gewisse statische Versuche notwendigen Umfangskraft an der Trommel ist die Rolle R angebracht, über die ein am Umfang der Trommel befestigtes Seil mit Wagschale läuft.

2. Rundlauf (Bild 44).

Er besteht aus einer senkrechten, am Boden verankerten Achse, einen um sie drehbaren Schwenkarm von 1,0 m Länge, an dessen Ende in Kugellagern frei drehbar die Radgabel mit dem Versuchsrad angebracht ist. Auf der Radachse sind Belastungsgewichte befestigt. Die Gabelachse ist durch eine weiche Blattfeder elastisch mit der Achse über eine Stellschraube verbunden, wodurch die Fahrtrichtung des Rades gehalten und geregelt werden kann. Die Verlängerung der Radachse bildet die Anzeige für die Rollrichtung. Die Bahn wurde mit Sandpapier beklebt, um eine größere Griffigkeit zu gewährleisten. Wird nun das Rad von Hand fortbewegt, so hat es das Bestreben, zunächst in der ursprünglichen Richtung fortzurollen, wird aber durch die Blattfeder zur Einhaltung der Kreisbahn gezwungen. Durch Nachstellen der Stellschraube läßt sich erreichen, daß es vollkommen tangential zur Kreisbahn rollt, was durch die Nullage des Zeigers gekennzeichnet ist. Nun ist die Blattfeder geeicht, so daß an der Stellung der Stellschraube das auf das Rad ausgeübte Moment abgelesen werden kann. Dies ist aber das gesuchte Moment M_l.

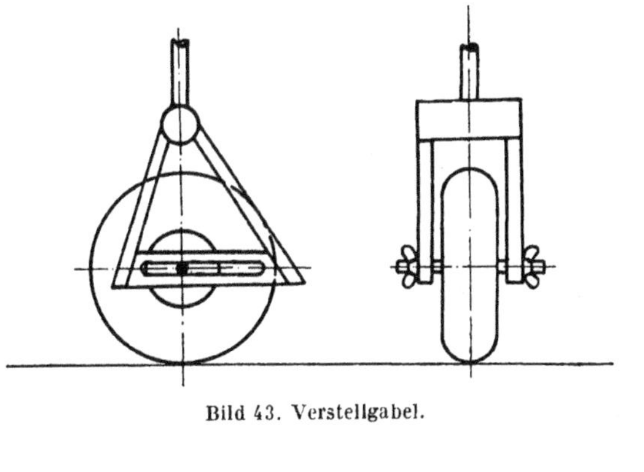

Bild 43. Verstellgabel.

d) Durchführung der Versuche.

Sämtliche Versuche wurden zunächst für eine Radbelastung $N = 180$ kg und einem Reifendruck $p = 2{,}5$ atü durchgeführt. Die Schwenkachse wurde bei sämtlichen Versuchen vertikal eingestellt.

1. Bestimmung von h.

Das mit Kohlenstaub beschmierte Rad wurde unter Belastung auf Papier gedrückt, wodurch ein Latschabdruck entstand (s. Bild 34).

2. Parallelverschiebung des Rades.

Das Rad wurde quer zur Trommel gesetzt und belastet ($N = 180$ kg). Als Unterlage diente Sandpapier mit einem Reibungskoeffizienten $\mu = 0{,}79$, wie aus Rutschversuchen bestimmt wurde. Die Trommel wurde durch Gewichtsbelastung um ein Geringes aus ihrer Nullage herausgedreht, wobei die Umfangsverschiebung am Rade gemessen wurde (Bild 45).

Die Verschiebung z ergibt sich aus der Differenz der Trommelverdrehung und Gabelverbiegung.

Bild 44. Rundlauf.

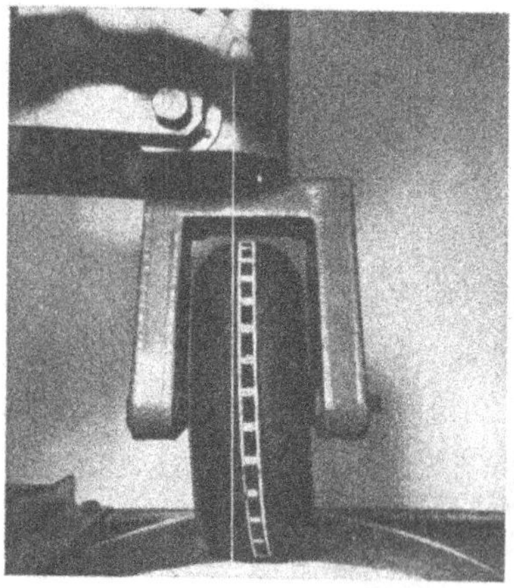

Bild 46. Messung der seitlichen Auslenkung des Pneus.

Bild 47. Messung der Auslenkung in Umfangsrichtung.

Bild 48. Momentenmessung eines schiebenden Rades.

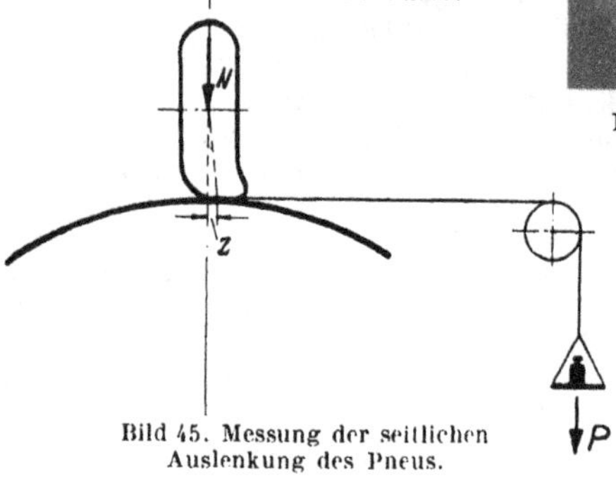

Bild 45. Messung der seitlichen Auslenkung des Pneus.

Zur Ermittlung der Abklingkurve wurden auf dem Umfang Marken angebracht, die von einer festen Ebene vor und nach der Verschiebung gemessen wurden (Bild 46).

Nach Erledigung der Messungen wurde die Kraft P bis zum Beginn des Rutschens erhöht, woraus dann der Reibungskoeffizient μ bestimmt wurde.

3. Verschiebung in Radebene.

Der Versuch wurde ganz ähnlich dem unter 2. beschriebenen durchgeführt, nur stand hier das Rad in Trommelebene, und zur Verhinderung seiner Drehung wurde die Nabe fest blockiert. Die Kraft Q wurde ebenfalls durch Aufbringen von Gewichten erzeugt. Die Verschiebung l wurde als Differenz der Trommeldrehung und der Deformation der Halterung und Gabel bestimmt. Die λ-Werte wurden durch direkte Ablesung der Verschiebung gegenüber einem an der Nabe befestigten Zeiger ermittelt (Bild 47).

4. Verdrehung des Rades.

Das Rad wurde genau in Trommelebene gestellt und belastet. Daraufhin wurde am Hebelarm (a) (Bild 48) mit einer Federwaage (b) eine Kraft ausgeübt, die das Rad aus der Nullage verdrehte. Der Winkel wurde an der Skala (c) abgelesen. Als Unterlage diente wieder Sandpapier. Der Versuch wurde nach beiden Richtungen durchgeführt. Es wurde festgestellt, daß bei Ausschlägen über 5° bereits stärkeres Rutschen des Latsches auftritt; daher wurden die Messungen bei $\varphi = 2{,}5°$ durchgeführt.

5. Versuche am schiebenden Rad.

Das Rad wurde unter einem Winkel $\pm$ 2,5° zur Trommelebene festgestellt und die Trommel in langsame Drehung versetzt, was sowohl manuell als auch durch Elektromotor erfolgen konnte. Dadurch wurde der Latsch ausgelenkt und übte auf die Felge eine Kraft P und ein Moment M aus. P wurde durch die an der Gabel hervorgerufene Verformung gemessen. (Die Gabelsteifigkeit wurde durch eine Eichung vorher festgestellt.) Die Verformung wurde mit einem Geiger-Gerät gemessen (Bild 49).

Bild 49. Verformungsmessung durch Geigergerät.

Das Moment wurde wieder mit der Federwaage (b) am Hebelarm (a) (Bild 48) bestimmt, indem solange gezogen wurde, bis sich ein leichtes Abheben vom Anschlag zeigte. Ferner wurde eine rein qualitativer Versuch unternommen: Auf dem Radumfang wurde in der Mitte ein Kohlestrich gezogen, dann wurde das Rad unter einem Schiebewinkel von 5° gerollt. Auf der Unterlage (Papier) zeichnete sich eine Spur ab, die die gefundene Gesetzmäßigkeit gut bestätigte. Die Kurve (Bild 50) ist tatsächlich eine e-Funktion mit der Anfangstangente $\operatorname{tg} \varphi = \frac{z_\infty}{C}$. Zur Bestimmung von C eignet sich dieser Versuch nicht besonders, da durch das Rutschen des hinteren Latschgebietes eine geringe Verzerrung eintritt, die das C etwas verfälscht.

Um die Deformation des Latsches selbst während des Schiebens sichtbar zu machen, wurde das Rad von unten gegen eine längsverschiebbare Plexiglasscheibe gedrückt. Der Schiebewinkel betrug wieder 5°. Beim Verschieben der Scheibe wandert der Latsch allmählich aus und nimmt schließlich die in Bild 51 gezeigte Gestalt an.

Hier ist die schon früher theoretisch festgestellte Tatsache (vgl. Bild 12), daß sich der Latsch parallel zur Rollrichtung einstellt, gut bestätigt. Ferner beachte man den knickfreien Übergang vom Latsch in den vorderen freien Teil (rechts) des Radumfanges. Am hinteren Latschende (links) hingegen ist ein deutlicher Knick zu erkennen, der natürlich nicht, wie theoretisch angenommen, absolut scharf, sondern wegen der Biegesteifigkeit des Pneus abgerundet ist.

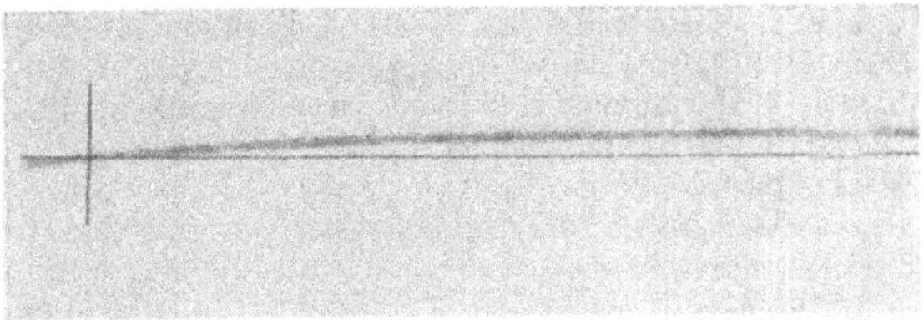

Bild 50. Latschspur eines schiebenden Rades.

Bild 51. Schiebendes Rad durch Plexiglasscheibe gesehen. Vorderes Gebiet und Latsch sind parallel zur Rollrichtung.

7. Versuch am nachlaufenden Rad.

Das Rad wurde in der Verstellgabel mit zunächst beliebigem q eingestellt, dann während des Rollens mit der Hand zur Seite gedrückt. Dabei geht der Latsch entweder in oder entgegengesetzt der Druckrichtung. Es gibt eine Stellung, wo er jedoch stets in seiner Ursprungslage bleibt. Durch mehrmaliges Probieren wurde diese Stellung ($q = q_{l=0}$) gefunden. Die Abweichung des Latsches von der Nullage (s-Achse) konnte dadurch festgestellt werden, daß sowohl auf dem Rade als auch auf der Trommel die Nulllinien durch Kreide- bzw. Kohlestriche gekennzeichnet wurden.

c) Versuchsergebnisse bei $N = 180$ kg und $p = 2{,}5$ atü.

1. Bestimmung von h.

Mit der in Bild 34 gefundenen Länge $2h = 10{,}4$ cm und der Gl. (120) wird

$$2h = 0{,}85 \cdot 10{,}4 = 9{,}0 \text{ cm}.$$

2. Parallelverschiebung des Rades.

Aus Versuch nach Bild 46 geht hervor

$$c = 0{,}1 \frac{1}{\text{cm}} \text{ bzw. } C = 10 \text{ cm}$$

und ferner mit $\frac{P}{z} = 45$ kg/cm nach Gl. (122)

$$\sigma = \frac{\frac{P}{z}}{2(h+C)} = 1{,}55 \text{ kg/cm}^2.$$

Damit ergibt sich nach Gl. (98)

$$U_1 = \sigma \cdot (h + C) = 22{,}5 \text{ kg/cm}.$$

3. Verschiebung in Radebene.

Aus Versuch nach Bild 47 geht hervor

$$k = 0{,}15 \text{ cm}^{-1} \text{ bzw. } K = 6{,}67 \text{ cm},$$

und ferner mit $\frac{Q}{l} = 190$ kg/cm nach Gl. (124)

$$\bar{\sigma} = \frac{\frac{Q}{l}}{2(h+K)} = 8{,}5 \text{ kg/cm}^2.$$

4. Verdrehung des Rades.

Als Mittelwert ergab sich für $\varphi = 1^\frown$

$$M = 3040 \frac{\text{cm kg}}{\frown}.$$

Mit den bereits gefundenen Werten h, c, σ und nach Gl. (77) und (125)

$$\varrho = \frac{r^2 \cdot c^2}{1 + r^2 \cdot c^2} = 0{,}628,$$

$$M_\zeta = \varphi \cdot \sigma \cdot 2h \left[\frac{h^2}{3} + \varrho C (h + C)\right] = 1360 \text{ cm kg}.$$

Demnach ist nach Gl. (67)

$$M_m + M_l = M - M_\zeta = 3040 - 1360 = 1680 \text{ cm kg}/\frown.$$

5. Versuche am schiebenden Rad.

Als Mittelwerte ergaben sich für $\varphi = 1^\frown$

$$M_\infty = 2270 \frac{\text{cm kg}}{\frown} \Big/ P\infty = 640 \text{ kg}/\frown.$$

Bei diesem Versuch macht sich die Erscheinung des Rutschens am hinteren Latschende je nach der Größe des Schiebewinkels bemerkbar. Das gemessene Moment M_∞ ist hier um den Betrag $\Delta q \cdot P_\infty$ kleiner als es theoretisch die Summe $M_\zeta + M_m + M_l$ angibt. Es ist also

$$M_\infty = M_{\zeta_\infty} - \Delta q \cdot P_\infty + M_{m_\infty} + M_{l_\infty}.$$

(vgl. Abschnitt VI).

Demnach ist mit $\Delta q = 0{,}9$ cm

$$M_{m_\infty} = M_\infty - M_{\zeta_\infty} + \Delta q \cdot P_\infty$$

$$= 2270 - 1360 + 580 = 1490 \frac{\text{cm kg}}{\frown}.$$

Mit den übrigen bereits gefundenen Werten und mit

$$\bar{\varrho} = \frac{r^2 \cdot k^2}{1 + r^2 \cdot k^2} = 0{,}792$$

ergibt sich nach Gl. (126)

$$\chi = \frac{M_l/\varphi}{2\bar{\sigma} a^2 (h + K)\bar{\varrho}} = \frac{1490}{2 \cdot 8{,}5 \cdot 7{,}3^2 \cdot 11{,}17 \cdot 0{,}792} = 0{,}186$$

und mit Beachtung von 4.

$$M_l = 1680 - 1490 = 190 \text{ cm kg}/\frown.$$

a wurde dabei mit 7,3 cm angesetzt (s. Bild 31). Daraus schließlich nach Gl. (127)

$$\bar{\chi} = \frac{M_l/\varphi}{2\bar{\sigma} a^2 (h + K)\bar{\varrho}} = \frac{190}{2 \cdot 8{,}5 \cdot 7{,}3^2 \cdot 11{,}17 \cdot 0{,}792} = 0{,}0237.$$

Mit diesen Werten können nun nach (101) und (104) die Ausdrücke U_2 und U_3 berechnet werden. Es ergibt sich

$$U_2 = \sigma\left[\frac{h^2}{3} + \varrho C (h + C)\right] + \bar{\sigma}\chi \frac{a^2}{h} \bar{\varrho}(h + K) =$$

$$= 151 + 166 = 317 \text{ kg}$$

$$U_3 = \bar{\sigma}\bar{\chi} a^2 (h + K)\bar{\varrho} = 95 \text{ cm kg}.$$

Ferner ergibt sich aus P_∞ nach Gl. (129) der Kontrollwert

$$\sigma = \frac{\frac{P_\infty}{\varphi}}{2(h + C)^2} = 1{,}52 \text{ kg/cm}^2,$$

der mit dem in 2. gefundenen Wert gut übereinstimmt.

6. Versuch am Rundlauf.

Für das Moment infolge Längsverformung wurde gemessen

$$M_l = -17{,}5 \text{ cmkg};$$

danach ist

$$U_3 = -\frac{M_l \cdot R}{2 \cdot (h + K)} = 80 \text{ cm kg}$$

und

$$\bar{\chi} = \frac{M_l \cdot R}{(K + h)^2 \bar{\sigma} a^2 \bar{\varrho}} = 0{,}0390.$$

Die hier gefundenen Werte U_3 und $\bar{\chi}$ weichen von den in 5. berechneten etwas ab. Der Grund dafür ist in der Unsicherheit des Wertes für Δq zu suchen. Würde in 5. Δq anstatt 0,9 cm mit 0,95 cm angesetzt, so wäre eine vollkommene Übereinstimmung der fraglichen Werte erreicht.

7. Versuch am nachlaufenden Rad.

Es wurde gefunden

$$C + h = 16 \text{ cm},$$

ein etwas größerer Wert als $10 + 4{,}5 = 14{,}5$ cm, was damit zusammenhängt, daß es hier nur auf den vorderen Latschpunkt, der von der Mitte einen Abstand von 5,2 cm besitzt, ankommt. Somit wäre es hier richtiger, die Summe $10 + 5{,}2 = 15{,}2$ cm einzusetzen. Trotzdem müssen wir wegen des im hinteren Gebiet kleineren Wertes das h zu 4,5 cm beibehalten.

VIII. Zusammenfassung.

Vorliegende Arbeit befaßt sich mit dem Verhalten eines Pneus, der außer der Rollbewegung in seiner Ebene noch eine quer dazu gerichtete Bewegungskomponente besitzt. Grundlegend für die diesbezüglichen Untersuchungen ist die Erscheinung, daß ein bepneutes Rad während des Rollens kleine seitliche Bewegungen ausführen kann, ohne daß ein Rutschen zwischen Latsch und Boden auftritt. Diese Eigenschaft, die auf die Elastizität des Pneus zurückzuführen ist, wird zunächst vereinfachenderweise für den auf eine Linie zusammengezogenen Latsch (sehr schmales Rad) eingehend untersucht und analytisch gefaßt.

Die seitliche Auslenkung des vorderen Latschpunktes wird durch folgende Differentialgleichung wiedergegeben

$$\frac{dz}{ds} + cz = \varphi \quad \text{(vgl. Gl. 2)},$$

worin z die seitliche Auslenkung, s den Weg und φ den Schiebewinkel bedeutet. c ist eine charakteristische Pneukonstante. Von besonderer Wichtigkeit ist die Erkenntnis, daß jeder Latschpunkt die gleiche Bahn wie der vorderste Punkt beschreibt, was durch folgende Gleichung ausgedrückt wird

$$\eta(s, \xi) = y(s - \xi) \quad \text{(vgl. Gl. 14)}.$$

Die seitlichen Auslenkungen des den Boden nicht berührenden Pneuteiles klingen von den Endpunkten des Latsches ausgehend in der Form von e-Funktionen ab (Bild 46). Um auch die Breitenausdehnung des Latsches zu berücksichtigen, werden als Ersatzsystem zwei starr miteinander verbundene Räder betrachtet, die einen der Latschbreite entsprechenden Abstand voneinander haben. Hierbei ist es notwendig, auch die in Umfangsrichtung liegenden Verformungen des Pneus zu untersuchen. Es ergeben sich dabei ähnliche Beziehungen wie für die seitlichen Auslenkungen.

Nach Klärung dieser geometrischen Gesetzmäßigkeiten der Pneumechanik werden Formeln für die angreifenden Kräfte aufgestellt, wobei die Tatsache benutzt wird, daß die vom Boden auf den Latsch ausgeübten Kräfte in ihrer Wirkung vollkommen gleichwertig sind mit den durch die Auslenkungen bestimmten elastischen Kräfte auf die Radfelge. Die so gefundenen Ergebnisse werden an Hand mehrerer einfacher Bewegungsfälle des Rades erläutert.

Eine Reihe von Versuchen, die für ein Ballonrad 260 × 85 durchgeführt wurden, bestätigen die theoretisch gefundenen Erkenntnisse und liefern zugleich Zahlenwerte, die dann mit Hilfe von Ähnlichkeitsbetrachtungen auch auf andere Pneugrößen übertragen werden können.

Mit Hilfe der gewonnenen Ergebnisse lassen sich Latschbahnen, Kräfte und Momente am Rad berechnen, das beliebige Kurven läuft, das ferner gebremst oder angetrieben wird (s. Abschnitt IIIf, IVd und Vh). Es läßt sich zeigen, daß beim geradlinigen Schieben (Schwimmen) der Latsch auf einer parallelen Geraden zur Bewegungsrichtung läuft, daß bei einer Kreisbahn der Latsch auch eine Kreiskurve darstellt. Die Gleichungen lassen sich auch bei Schwingungsbetrachtungen vorteilhaft anwenden.

IX. Schrifttum.

Becker, Fromm, Maruhn, Schwingungen in Automobillenkungen. Berlin 1931.

Herbert Martin, Druckverteilung in der Berührungsfläche zwischen Reifen und Fahrbahn. Kraftfahrtechnische Forschungsarbeiten Nr. 2 (1936).

Günther Leunig, Grundsätzliche Möglichkeiten einer Bremsverkürzung bei Kraftwagen und ihre Grenzen. Z.VDI Bd. 85 (1941), Nr. 12, S. 277.

P. Koeßler und H. Klaus, Der Kraftschluß zwischen Rad und Fahrbahn. ATZ (1937) Nr. 9, S. 224

www.ingramcontent.com/pod-product-compliance
Lightning Source LLC
Chambersburg PA
CBHW081428190326
41458CB00020B/6138